サクサクできる
かんたん
iMovie
アイムービー

TART DESIGN

サクサクできる かんたん iMovie
本書の使い方・読み方

まずは、本書の上手な使い方・読み方を紹介していきましょう。
本書では、直感的にiMovieの操作ができるような構成になっています。
操作手順に従っていくだけで、素早く・かんたんにビデオが作成できます。

ページタイトル

各ページは目的別に構成されているので、やりたいこと・知りたいことをかんたんに探せます。

左ページツメ

各Chapterのタイトルが入っています。

操作手順

操作の手順を番号付きで紹介しています。番号にしたがって操作をしていけば、素早く・かんたんに操作の仕方がわかります。

ショートカット

操作をキーボードから行えるショートカットキーを紹介しています。

Chapter 1　ビデオの読み込み

[よく使う項目／不採用]

Chapter 1 ビデオを整理しよう

読み込んだビデオを再生して確認し、整理しておきましょう。

▼ ビデオの再生

1 クリップを選択

再生したいクリップを選択し、再生ボタンをクリックします。

❶ クリップを選んで、
❷ ここをクリックします

⌘ ショートカット

（スペースキー）……再生／停止

2 ビデオが再生された

画面右のウインドウでビデオが再生されます。

❸ ここで再生されます

ポイント　スキミング

再生ボタンを押さなくても、マウスポインタを動かすことでビデオの内容を確認することができます。これをスキミングと言います。

❹ ここをクリックすれば止まります

032

002

本書の2種類の使い方

その1 最初からすべてのページを順番に読んで完全マスター

本書は、基本的に見開き2〜4ページ程度で完結する各ページで構成されています。各ページを最初から順番に読み進んでいけば、無理なくスムーズに操作をマスターできます。

その2 やりたいこと・知りたいことだけを読んで効率的にマスター

本書の各ページは目的別に構成されています。自分のやりたいことや知りたいことだけを探して読んでいけば、効率的に操作がマスターできます。

■ よく使う項目／不採用の設定

1 よく使う項目の設定

読み込んだクリップから使うものを決めたら、画面下部中央のハートマークをクリックします。

☑ CHECK!
複数のクリップを一度に選択して設定してもOK

2 不採用の設定

使わないクリップはバツマークをクリックします。

3 表示を切り替える

選別ができたら、不採用のクリップは表示を隠すと編集しやすくなります。

右ページツメ
各ページのテーマが入っています。

CHECK！
重要なことや特に間違いやすいところを大きく書いています。

ポイント
一歩進んだ使い方や役立つ情報などを紹介しています。操作手順と併せて読むことで、より幅広い知識が身に付きます。

サクサクできる かんたん iMovie
Contents

- 008　iMovieでできること
- 010　プロ顔負けの編集機能
- 012　公開！オリジナルムービー
- 014　iMovieの入手方法
- 016　サンプルムービーのダウンロード

Chapter 1　ビデオの読み込み

- 018　iMovieを起動しよう
- 020　ビデオ素材を読み込んでみよう
- 024　写真を読み込んでみよう
- 028　ファイルを読み込んでみよう
- 032　ビデオを整理しよう
- 034　不要なビデオを削除しよう

Chapter 2　手軽に楽しむムービー作成

- 038　プロジェクトを用意しよう
- 040　ビデオクリップを配置してみよう

044	テーマで華やかな演出を加えよう
048	BGMを入れてみよう
052	配置したクリップを整理しよう
054	クリップの長さを調節しよう
058	ムービーに効果音を入れよう
060	タイトル文字を編集しよう
062	ムービー全体にフィルタを加えて仕上げよう
066	ムービーをSNSで共有しよう

Chapter 3 オリジナルムービーの編集と便利な機能

070	プロジェクトを準備しよう
072	ムービーの構成を決めよう
074	クリップの長さを細かく調節しよう
078	クリップを分割してみよう
080	別のクリップに置き換えてみよう
082	早送りやスローモーションを設定してみよう
084	逆再生や巻き戻しで楽しい演出をしてみよう
088	ストップモーションを追加しよう
090	クリップを拡大・縮小・回転しよう
094	ビデオの明るさや色を調整しよう
098	徐々に色が消える効果を付けてみよう
100	トランジションを設定しよう
104	トランジションの重なり方を調整しよう

106	ビデオに別のビデオを重ねてみよう
110	ムービーにタイトルを入れよう
114	背景付きのタイトルを入れよう
118	ムービーの長さに合わせてBGMを入れよう
120	ビデオの音量を調節しよう
124	ナレーションを追加しよう

Chapter 4 ムービーをみんなで共有

128	ムービーをiOSデバイスで共有しよう
132	ムービーをメールで送ろう
134	YouTubeでムービーを公開しよう
136	Facebookでムービーを公開しよう
138	iTunesでムービーを楽しもう
140	Vimeoでムービーを公開しよう
142	ムービーファイルを書き出そう

Chapter 5 iPhone・iPadでもっと便利に！

146	iOS版のiMovieを使ってみよう
150	iPhoneでムービーを作ってみよう
154	ストーリーのあるムービーを作ろう
158	iPhoneのプロジェクトをMacで読み込む

Chapter 6 iMovie Q&A

162 直接録画してムービーにするには？

164 DVカメラからビデオを読み込むには？

166 DVDからビデオを読み込むには？

168 日付や名前でビデオを探すには？

170 イベントを整理するには？

172 操作画面をカスタマイズするには？

174 プロジェクトを保管しておくには？

176 ムービーの画質を向上させるには？

178 写真だけでスライドショーを作るには？

180 背景を切り抜いて合成するには？

182 スポーツ番組風のムービーを作るには？

184 映画の予告編風のムービーを作るには？

188 索引

iMovieでできること

デジタルカメラやiPhoneなどのデバイスが普及し、誰もが簡単に気軽にビデオを撮ることができるようになりました。iMovie（アイムービー）は、そんな「撮ったまま」のビデオを整理して、楽しくドラマチックなムービーに編集することのできるアプリケーションです。

▼ ビデオカメラでじっくり撮影したビデオも！

友達の結婚式や子供の運動会、特別な日にはやはりビデオで動く姿を残しておきたいものです。そんなときに活躍するのは、デジタルビデオ（DV）カメラ。ズームや三脚などを駆使して、その日いちばんの表情や瞬間を狙います。そんな長尺のビデオこそiMovieの機能を使い、いいところをつなぎ合わせたムービーに仕上げておきましょう。

DVカメラの高品質ビデオ
結婚式や発表会、運動会、スポーツ観戦などに活躍するのがデジタルビデオカメラ。安定したきれいな画質が得られますが、長回ししたビデオは後で見る機会が少なくなりがち…。

iMovieで簡単にカット
長尺ビデオもiMovieで読み込んで、何度も見返せるムービーに！iMovieならビデオの内容を見ながら、ドラッグ操作だけで不要な部分をカットできます。

▼ 手軽にiPhoneで撮影したビデオも!

iPhoneやiPadのビデオは、何と言ってもその軽快さが魅力です。日常でも旅先でも、思いついたらぱっと撮影。新しいiPhoneでは光学ズームレンズも備わり、高画質な映像が撮影できるようになりました。そんなモバイルビデオは、どうしても数が多くなりがち。iMovieで保存・整理していつでもさっと見られるようにしておきたいものです。

思いついたらすぐ撮れる

ペットや子供の可愛い瞬間、出かけた先での風景やお料理など。思いついたときにすぐに撮影できるのがiPhoneやiPadのビデオのよいところです。

iMovieでらくらく整理

たくさんのビデオも、iMovieなら簡単に整理して保存しておくことができます。短いビデオクリップでも、音楽やタイトル文字を入れれば楽しいムービーに仕上がること間違いなし！

009

プロ顔負けの編集機能

直感的な操作とムービー作成の手軽さが特徴のiMovieですが、1フレームごとに編集ポイントを決めたり、TV番組のようなエフェクトやテロップを追加するといった高度な編集機能も備えています。また解像度やフレームレートの高い素材にも対応しています。

▼ むずかしい編集をしなくても楽しめる「テーマ」や「予告編」

iMovieにはビデオクリップを追加するだけで、自動的に楽しいムービーを作ってくれる機能があります。Appleがデザインした美しいタイトルやトランジションの「テーマ」を利用したり、「予告編」のあらかじめ用意されたストーリーに沿ってビデオを配置してドラマチックに仕上げたり。ビデオ編集初心者でもプロのようなムービーが作れます。

美しい「テーマ」

アメコミ風やスポーツ番組風など、美しくデザインされた効果を手軽に使えるのが「テーマ」の機能です。ビデオをドラッグ＆ドロップで並べるだけで、プロの編集したようなムービーができます。

何気ない日常がドラマチックに

あらかじめ用意されているシナリオに沿って、ビデオを配置していくと「予告編」が完成します。その名の通り映画の予告編のような、楽しさをぎゅっと凝縮したムービーが作れます。

010

▼ 本格的なムービー編集機能も盛りだくさん

iMovieにはビデオ同士を効果的につなぎ合わせたり、色や雰囲気を変えるような基本的な編集機能が備わっています。さらに2つのビデオを重ねて入れたり、一瞬ビデオが静止するような効果やリプレイといった高度な編集機能や、映像やBGMの音量のコントロールやノイズ除去までこなす多機能アプリケーションです。

プロのような編集機能
本格的な場面転換や、ビデオの中にビデオを入れる。ストップモーションを設定するなどの高度な機能を簡単な設定で活用できます。

一瞬を逃さない詳細編集
iMovieでは1フレーム単位でカーソルを動かして編集位置を調節できます。ビデオの面白い瞬間を逃さず、効果的な音や速度を設定することが可能です。

011

公開！オリジナルムービー

iMovieで作成したムービーは、家族や友人たちと共有したり、全世界に向けて発信することも簡単です。FacebookやYouTubeへの書き出しも、面倒な設定なしでそれぞれの媒体に適切なファイルを作成し、アップロードするところまで手助けしてくれます。

▼ SNSで素敵に公開！

今や誰もがFacebookやYouTubeなどに、オリジナルのムービーをアップロードする時代。ムービーなら、写真やテキストでは伝わらない臨場感や、時間とともに移り変わる風景や表情、起承転結などが描けます。iMovieなら面倒な設定をせずに、SNSへの投稿が可能です。

ムービーならではの臨場感

旅行中のひとコマや趣味のひとときなど、静止画では伝わらない音や動きを表現できるのがムービーのよいところです。そんな瞬間をSNSにアップしてみましょう。

SNSで気軽に公開

iMovieでは、FacebookやYouTube、Vimeoへの投稿が簡単にできます。それぞれ公開範囲を詳細に設定できるので、家族だけ、友人だけといった限定公開も可能です。

データやディスクで保存・共有

子供の成長や季節の行事など、記録として残しておきたいムービーは、データとして保存したりDVDに焼いて親戚に送ることもできます。iMovieなら、iPhoneやiPadでムービーデータを共有したり、Apple TVで見せるといった連携も可能です。

残しておきたいビデオ

大切に保管しておきたい記録としてのビデオは、撮りっぱなしにせずにムービーとして編集してデータやディスクで保存しておくようにしましょう。

iPhoneやiPadとも連携

iMovieのTheater機能を使えば、MacだけでなくiPhone、iPad、Apple TVとムービーデータを同期できるので、どこでも見られます。

013

iMovieの入手方法

最新のiMovieは、App Storeからダウンロード購入することができます。インストール後はシステム環境設定の[App Store]で、自動的にアップデートするようにしておけば、常に最新状態を保てます。

▼ iMovieの購入とインストール

MacにiMovieをインストールするには、App Storeで購入する必要があります。App Storeには他にもMac用のムービー編集アプリケーションがありますが、iMovieはAppleの純正。macOSとともに進化しており、他より一歩も二歩も先をゆく存在と言えるでしょう。

iMovieを探す

App Storeを起動します。App Storeにはたくさんのアプリケーションがあります。検索ウインドウで「iMovie」を入力して探しましょう。

iMovieを購入

App Storeでのアプリ購入には、Apple IDでサインインしてある必要があります。iMovieの価格は1,800円（2017年4月現在）ですが、新しいMacには付属している場合があります。

Launchpadから開く

iMovieをダウンロードすると、自動的にLaunchpad（ローンチパッド）に登録されます。ここからiMovieのアイコンをクリックして起動しましょう。

▼ 自動的にアップデートする

2017年4月現在、iMovieの最新バージョンは10.1.4です。新しいOSが出たり、接続機器が増えるようなことがあるとアップデートが出ます。iMovieを自動的にアップデートするには、システム環境設定で自動的に確認するよう設定しておきましょう。小数点以下のアップデートは大きな機能に変更が加わるものではなく、不具合の修正や小さな機能の追加です。

自動的にアップデートする

システム環境設定の[App Store]を選択すると、[アップデートを自動的に確認]の中にいくつかの項目が選択できるようになっています。自動でアップデートしておけば、いつでも最新バージョンの状態を保てます。

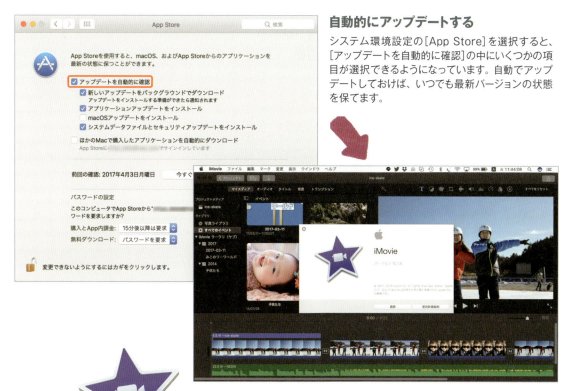

iMovie 10.1.4
アプリケーションのサイズ：2.05 GB
OS X 10.11.2以降に対応

015

サンプルムービーのダウンロード

本書のChapter 2とChapter 3では解説と同じサンプルのビデオ素材を使うことで、よりわかりやすく操作やテクニックを学ぶことができます。マイナビ出版のサポートページからダウンロードしてください。

▼ サンプルムービーへのアクセス

1 サポートサイトへアクセス

本書のサンプルムービーをダウンロードしましょう。右のWebサイトにアクセスし、『サクサクできる かんたんiMovie』のページを開きます。

https://book.mynavi.jp/supportsite/detail/9784839961916.html

❶ Webブラウザを起動し、URLを入力すると、

❷ マイナビ出版サポートサイトの『サクサクできる かんたんiMovie』のページが開きます

2 ダウンロードの開始

画面を下にスクロールすると、[→サンプルビデオのダウンロードはこちら]のリンクが表示されるので、クリックしてください。

❸ スクロールします

❹ ここをクリックするとダウンロードが始まります

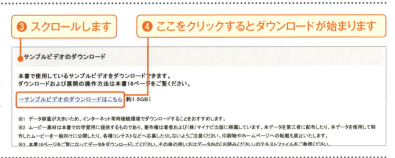

3 パスワードを入力

ダウンロードが終わったら、ファイル(ディスクイメージ)をダブルクリックして、パスワードを入力してください。これでビデオファイルが使えるようになります。ファイルの読み込みについてはP.28を参照してください。
パスワード：samplevideo

❺ ダウンロードしたファイルをダブルクリックして、

❻ パスワード「samplevideo」を入力します

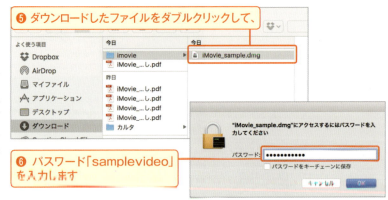

Chapter 1

ビデオの読み込み

018	**iMovieを起動しよう**
020	**ビデオ素材を読み込んでみよう**
024	**写真を読み込んでみよう**
028	**ファイルを読み込んでみよう**
032	**ビデオを整理しよう**
034	**不要なビデオを削除しよう**

Chapter 1 ビデオの読み込み

［iMovieの起動と基本画面］

Chapter 1 iMovieを起動しよう

まずはiMovieを起動してみましょう。
ここでは基本画面と用語を解説します。

▼ iMovieの起動

1 アイコンをダブルクリック

Finderのウインドウから［アプリケーション］を選び、iMovieのアイコンをダブルクリックします。

❶ ここをクリックします

❷ ダブルクリックします

2 iMovieが起動した

iMovieが起動して、大きなウインドウが開きます。

❸ 起動しました

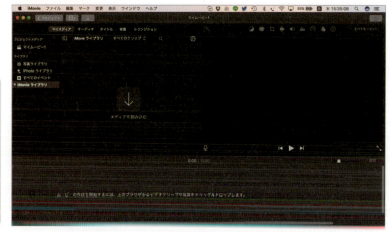

ポイント
初めて起動した時は
まだビデオを読み込んでいないので、グレーのウインドウが広がります。ビデオの読み込みやプロジェクトの作成を行うと、右ページのような画面になります。

▼ iMovieの基本画面

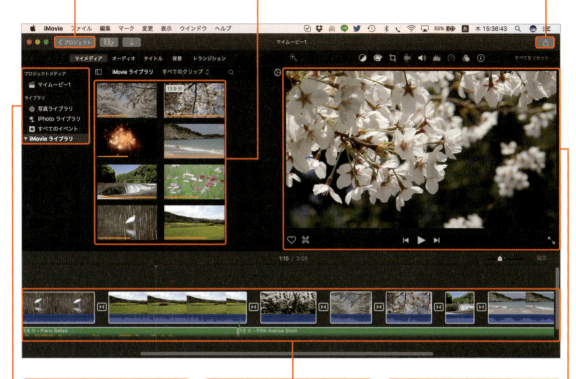

- プロジェクトの新規追加や切り替えを行います→P.38,70
- ここからムービーの素材を選びます→P.40,72
- ムービーを共有する際に使います→P.128〜
- ライブラリやイベントを切り替えます→P.36
- ここにクリップを並べてムービーを作成します→P.40,72
- 選択中のクリップや作成中のビデオはここで再生します→P.32

Chapter 1　iMovieの起動と基本画面

ポイント 覚えておきたい用語

[イベント]
映像を日付ごとに仕分けたものがイベント。ビデオカメラから映像を読み込むと自動的にイベントに分割されます（P.36参照）。

[プロジェクト]
編集中のムービーのこと。プロジェクトが完成したら、目的に応じてファイルを書き出します（P.36参照）。

[クリップ]
映像のひとかたまりを指す言葉。iMovieではクリップをつなげることでムービーを作成します。

[ライブラリ]
映像だけでなく、写真や音楽などのムービーの素材が保存されている場所のこと（P.36参照）。

[メディア]
映像や音楽、写真などムービーの素材になるもののこと。

[タイムライン]
ムービーの編集を行う細長いエリア。ここにクリップを並べてムービーを作ります。

Chapter 1

［読み込む（ビデオ）］
ビデオ素材を読み込んでみよう

デジタルビデオカメラやiPhoneなどの機器から、ムービーの素材となるビデオを読み込みましょう。

▼ ビデオカメラからの読み込み

1 カメラを接続する

デジタルビデオカメラをMacに接続します。接続の方法はカメラのメーカー、機種によって異なります。

カメラ側のUSBポート

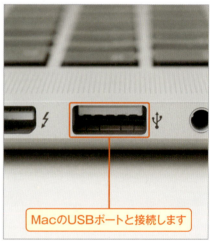
MacのUSBポートと接続します

2 ［読み込む］をクリック

iMovieの画面左上にある矢印をクリックします。

❶ ここをクリックします

ポイント
iMovie対応カメラ

ほとんどのメーカーのビデオカメラがiMovieに対応しています。4Kで撮影した動画も読み込むことができます。個別の対応は公式のサポートサイトで確認してください（https://support.apple.com/ja-jp/HT204202）。

3 クリップを確認する

[読み込む]ウインドウが開き、接続したカメラがリストに表示されるので内容を確認します。

☑ CHECK!
カメラが表示されないときは接続・電源をチェック！

❷ 接続したカメラをクリックし、
❸ 内容を確認します

4 クリップを選ぶ

読み込みたいクリップをクリックして選択し、右下の[選択した項目を読み込む]をクリックします。

❹ 読み込むクリップをクリックして選択し、
❺ ここをクリックします

5 ビデオが読み込めた

ビデオの読み込みが始まり、iMovieのライブラリに選択したクリップが表示されます。

❻ 読み込めました

Chapter 1 読み込む（ビデオ）

021

▼ iOSデバイスからの読み込み

1 デバイスを接続する

❶ iPhoneやiPadをMacと接続し、

❷ ここをクリックします

iPhoneやiPadで撮影した映像を読み込んでみましょう。付属のケーブルを使ってMacと接続し、画面左上の矢印をクリックします。

2 読み込むビデオを選ぶ

❸ ここをクリックし、

❹ [ビデオ]にします

❺ 使いたいクリップを選択し、

❻ ここをクリックします

開いたウインドウで読み込みたいビデオを選び、右下の[選択した項目を読み込む]をクリックします。

3 ビデオを読み込めた

❼ 読み込めました

iMovieのライブラリに選んだビデオを読み込めました。

▼ カメラやiOSデバイスを取り外す

1 [取り出し]をクリック

ビデオカメラの取り込みが終わったら、[取り出し]アイコンをクリックしてからケーブルを取り外します。

ここをクリックします

Finderウインドウからも取り外せます

▼ 外付けのハードディスクに読み込む

1 新規ライブラリを作成

ビデオの保存場所を外付けハードディスクに設定したい場合は、iMovieの[ファイル]メニューから[ライブラリを開く]→[新規]を選択します。

❶ ここを選びます

CHECK! 本体の容量が足りないときはこの方法で

❷ 外付けのハードディスクを選び、

❸ [保存]をクリックします

2 新しいライブラリができた

iMovieのサイドバーにライブラリが追加されました。このライブラリを選択した状態で、読み込むとデータは外付けのハードディスクに保存されます。

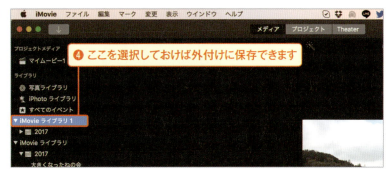

❹ ここを選択しておけば外付けに保存できます

Chapter 1 読み込む（ビデオ）

023

Chapter 1 ビデオの読み込み

Chapter 1 ［読み込む（写真）］
写真を読み込んでみよう

iMovieでは静止画からスライドショーを作ることもできます。写真の読み込み方も見ておきましょう。

▼ デジタルカメラからの読み込み

1 カメラを接続する

デジタルカメラをMacに接続します。接続の方法はカメラのメーカー、機種によって異なります。

カメラ側のUSBポート

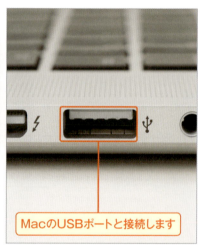

MacのUSBポートと接続します

2 ［読み込む］をクリック

iMovieの画面左上にある矢印をクリックします。

❶ ここをクリックします

ポイント
デジカメの動画
動画機能のあるデジタルカメラの場合、静止画と同様の方法で動画も読み込めます。

024

3 写真を確認する

[読み込む]ウインドウが開き、接続したカメラがリストに表示されるので内容を確認します。

CHECK!
カメラが表示されないときは接続・電源をチェック！

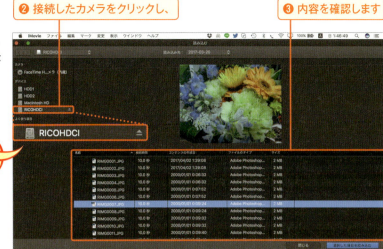
❷ 接続したカメラをクリックし、
❸ 内容を確認します

4 写真を選ぶ

読み込みたい写真をクリックして選択し、右下の[選択した項目を読み込む]をクリックします。

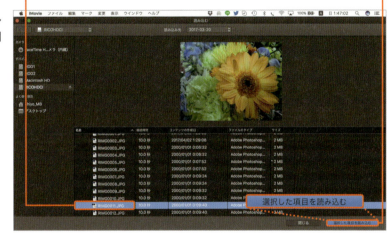
❹ 読み込む写真をクリックして選択し、
❺ ここをクリックします

5 写真が読み込めた

読み込みが始まり、iMovieのライブラリに選択した写真が表示されます。

❻ 読み込めました

Chapter 1 読み込む（写真）

025

メモリーカードからの読み込み

1 カードリーダーを接続する

画像や映像はメモリーカードを経由して読み込むこともできます。カードリーダーをMacと接続し、画面左上の矢印をクリックします。

❶ メモリーカードをセットしたカードリーダーをMacと接続し、

❷ ここをクリックします

2 読み込む写真を選ぶ

開いたウインドウで読み込みたい写真を選び、右下の[選択した項目を読み込む]をクリックします。

CHECK!
複数の写真は command ⌘ キーを押して選択

❸ ここをクリックし、
❹ 使いたい写真を選択し、
❺ ここをクリックします

3 写真を読み込めた

iMovieのライブラリに、選んだ写真を読み込めました。

❻ 読み込めました

▶ iOSデバイスの写真を簡単に読み込む

1 iOSデバイスの同期設定

iPhoneやiPadの[写真]アプリを、Macの同名のアプリに同期させることで、簡単にiMovieに読み込めます。

❶ iOS用の[写真]アプリです

❷ [設定]→[写真とカメラ]で[iCloudフォトライブラリ]をオンにします

2 Macの同期設定

Mac側でもiCloudの同期設定をします。これでiPhoneで撮った写真が、Macの[写真]アプリでも見られるようになります。

❸ [環境設定]→[iCloud]を開きます

❹ ここにチェックを付けます

ポイント
iCloudフォトライブラリ
ここで紹介した手順は、アップルのクラウドサービス「iCloud」への登録が必要です。iCloudへの加入やサービスの概要についてはP.128を参照してください。

3 iMovieのライブラリから選択

同期されている写真は、iMovieの写真ライブラリからプロジェクトにドラッグ＆ドロップして使用できます。

❺ ここをクリックすると、

❻ 同期した画像が表示されます

Chapter 1 ビデオの読み込み

[読み込む(ファイル)]

ファイルを読み込んでみよう

インターネット経由でダウンロードしたビデオや、ハードディスクに保存した映像をiMovieに読み込んでみましょう。

▼ ビデオファイルを読み込む

1 [読み込む]をクリック

iMovieの画面左上にある矢印をクリックします。

❶ ここをクリックします

2 ビデオを確認する

ファイルを保存した場所を選び、ビデオのファイルを選んで再生してみましょう。

❷ 保存したドライブを選択し、
❸ ここでファイルを選びます
❹ クリックすると再生されます

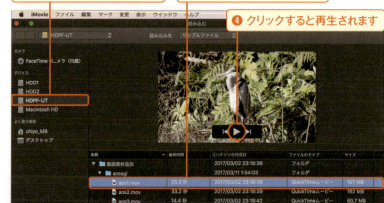

028

3 新規イベントの作成

ここでは本書のサンプルファイルを一部読み込んでみます。あとで作業しやすいよう、イベントを作成しておくとよいでしょう。

❺ [読み込み先]で[新規イベント]を選択します

❻ 名前を入力し、
❼ [OK]をクリックします

4 ファイルを選択する

読み込むファイルを選びます。ここではフォルダを選択し、フォルダに入っているムービーをすべて読み込んでみます。

❽ フォルダを選択し、
❾ [選択した項目を読み込む]をクリックします

5 ファイルが読み込めた

読み込みが始まり、iMovieのライブラリに選択した映像が表示されます。

❿ 読み込めました

Chapter 1 読み込む（ファイル）

029

▼ ドラッグ＆ドロップで読み込む

1 ドラッグ＆ドロップする

Finderからビデオのファイルを iMovieにドラッグ＆ドロップして読み込むこともできます。

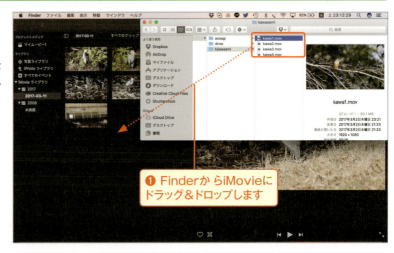

❶ FinderからiMovieにドラッグ＆ドロップします

2 ビデオが読み込めた

ビデオファイルがクリップとして、iMovieのライブラリに読み込まれました。

❷ iMovieのライブラリに読み込まれました

3 写真の読み込み

写真やPDFなどのファイルもドラッグ＆ドロップで読み込むことができます。

複数の写真を一度に読み込むことも可能

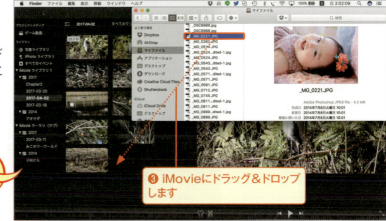

❸ iMovieにドラッグ＆ドロップします

4 写真が読み込めた

写真のファイルが読み込めました。複数ファイルを一度にドラッグ＆ドロップすることも可能です。

❹ 写真も読み込めました

5 その他ファイルの読み込み

iMovieでは一般的な画像のファイル形式以外にPDFも読み込めます。

❺ PDF形式のファイルをドラッグ＆ドロップします

6 PDFが読み込めた

ここではタイトル用のイラストと文字を読み込みました。HDV用には1280×720pxでファイルを作成するとよいでしょう。

ポイント
ファイルを読み込んで
ここでの例のようにタイトル用の画像や、パラパラマンガのようにイラストを1コマずつ作成して読み込み、アニメーション作品に仕上げることもできます。

❻ タイトル用のファイルを読み込めました

031

Chapter 1

ビデオを整理しよう
［よく使う項目／不採用］

読み込んだビデオを再生して確認し、整理しておきましょう。

▼ ビデオの再生

1 クリップを選択

再生したいクリップを選択し、再生ボタンをクリックします。

❶ クリップを選んで、
❷ ここをクリックします

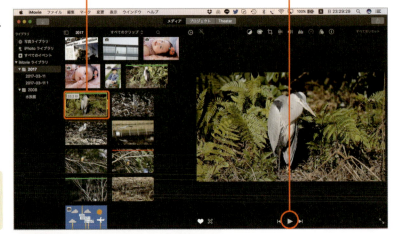

⌘ ショートカット
□（スペースキー）
………再生／停止

2 ビデオが再生された

画面右のウインドウでビデオが再生されます。

❸ ここで再生されます

❹ ここをクリックすれば止まります

ポイント　スキミング
再生ボタンを押さなくても、マウスポインタを動かすことでビデオの内容を確認することができます。これをスキミングと言います。

よく使う項目／不採用の設定

1 よく使う項目の設定

読み込んだクリップから使うものを決めたら、画面下部中央のハートマークをクリックします。

☑ CHECK!
複数のクリップを一度に選択して設定してもOK

❶ 気に入ったクリップを選び、
❷ ここをクリックします

2 不採用の設定

使わないクリップはバツマークをクリックします。

❸ 使わないクリップを選び、
❹ ここをクリックします

3 表示を切り替える

選別ができたら、不採用のクリップは表示を隠すと編集しやすくなります。

❺ ここで表示を切り替えて、目的のクリップだけを表示します

[ビデオの削除]

Chapter 1 不要なビデオを削除しよう

不要なビデオやイベントは削除して、すっきり整理しておきましょう。

▼ クリップの削除

1 クリップを選択

不要なクリップは、選択して削除します。

❶ [control]キーを押しながら不要なクリップをクリックし、

❷ [イベントからメディアを削除]を選択します

⌘ ショートカット

[command ⌘] + [delete] ……… 削除

2 削除する

図のようなアラートが表示され、クリップが削除されます。

❸ [削除]をクリックします

ポイント
削除したクリップ
クリップは削除すると、Finderのゴミ箱へと送られます。ゴミ箱を空にするとデータ自体が消去されます。

3 削除された

選択していたクリップが削除されました。

❹ クリップが削除されました

Chapter 1 ビデオの削除

▼ イベントの削除

1 イベントを選択

❶ controlキーを押しながらイベントをクリックし、

❷ ここを選択します

同時に撮影・読み込みしたデータは自動的に「イベント」にまとめられます。不要なイベントごと削除してみましょう。

2 イベントの削除

❸ [続ける]をクリックすると削除されます

図のようなアラートが表示され、イベントが削除されます。

CHECK!
削除を取り消したい場合は
command ⌘ + Z

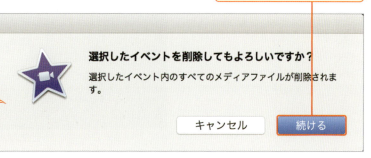

035

ポイント iMovieの仕組みを知ろう

iMovieは直感的な操作が可能なアプリケーションですが、慣れないとわかりにくい部分もあります。まず最初に覚えておきたいのが、ライブラリ、イベント、プロジェクトという3つの言葉です。

「ライブラリ」

ビデオや写真、編集したムービーを保存しておく「箱」のようなものです。あらかじめ用意されているものとは別のライブラリを自分で作成したり(P.23参照)、iMovieから参照できる他のアプリケーションのデータもライブラリとして表示されます。

ここに表示されているのが、ライブラリとその中身です

「イベント」

イベントはOSで言う「フォルダ」のようなものです。ビデオを読み込んだ時に日付や時間で自動的にイベントが作成されるほか、自分でイベントを作成して写真や音声をまとめておくこともできます。

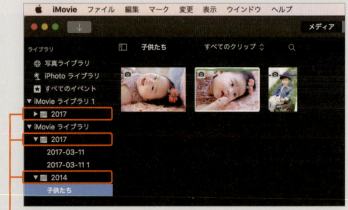

イベントは自動的に撮影年別に分類されます。選択すると右に中身が表示されます

「プロジェクト」

プロジェクトとは、編集したムービーのデータです。ひとつのムービーを作るごとに、ひとつのプロジェクトを作成します。プロジェクトには、読み込まれているどのイベントのビデオクリップでも使うことができます。

iMovieの画面を[プロジェクト]パネルに切り替えると、作成したプロジェクトを確認することができます

Chapter 2
手軽に楽しむムービー作成

038	プロジェクトを用意しよう
040	ビデオクリップを配置してみよう
044	テーマで華やかな演出を加えよう
048	BGMを入れてみよう
052	配置したクリップを整理しよう
054	クリップの長さを調節しよう
058	ムービーに効果音を入れよう
060	タイトル文字を編集しよう
062	ムービー全体にフィルタを加えて仕上げよう
066	ムービーをSNSで共有しよう

Chapter 2 ［新規プロジェクト］
プロジェクトを用意しよう

手軽にオリジナルムービーを作ってみましょう。まずはムービーを作成するための画面と名称を確認しておきます。

▼ 新規プロジェクトの作成

1 ムービーの作成

［プロジェクト］の画面から、新しいムービーのプロジェクトを作成します。

❶［プロジェクト］をクリックして画面を切り替えます
❷ ここをクリックして、
❸［ムービー］を選択しましょう

2 プロジェクトの画面

ムービーの作成準備ができました。元の画面に戻るには［プロジェクト］をクリックします。

❹ このような画面になります
❺ 戻りたいときはここをクリックします

ポイント
この章ではサンプルの「Chapter 2」を使用します。ビデオの読み込みについてはP.28を参照してください。

ムービー編集のための機能

ライブラリ
読み込み済みのビデオクリップの保存場所を切り替えます

メディア
ここからムービーに使用したい素材の種類を選びます

[マイメディア] ビデオや写真
[オーディオ] 音楽や効果音
[タイトル] タイトル文字やテロップ
[背景] タイトルの背景用画像・映像
[トランジション] 映像同士をつなぐときの効果

補正機能
映像の色や明るさを補正したり、音声や速度のコントロールをします。これらの項目についてはChapter 3で解説します。

タイムライン
ここにクリップを並べ、ムービーを編集します

[再生ヘッド] ムービーの現在の再生位置
[トランジション] クリップ前後の効果設定
[タイム] 再生ヘッドの位置／ムービー全体の長さ
[タイムライン表示] クリップの表示サイズをコントロール
[設定] ムービーの自動作成機能などの設定

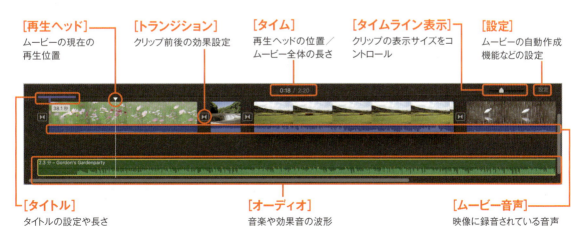

[タイトル] タイトルの設定や長さ
[オーディオ] 音楽や効果音の波形
[ムービー音声] 映像に録音されている音声

Chapter 2 新規プロジェクト

039

Chapter 2

［自動コンテンツ］
ビデオクリップを配置してみよう

iMovieのムービー製作で基本となるのがクリップの配置です。読み込んだビデオクリップをタイムラインに配置してみましょう。

▼ プロジェクト設定

1 設定を表示

これから使うクリップを表示させ、タイムライン右上の設定ボタンをクリックします。

❶ ［マイメディア］をクリックし、

❷ 使用するビデオの入ったイベントを選択します

❸ ［設定］をクリックします

2 自動コンテンツにチェック

自動コンテンツ機能をONにして、手軽にムービー編集が行えるようにします。

❹ ［自動コンテンツ］にチェックを付けます

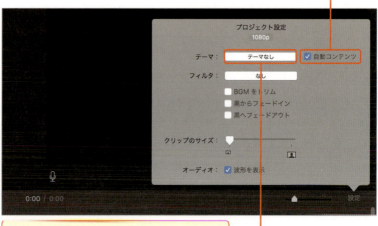

❺ テーマを選びたいのでここをクリックします

> **ポイント**
> **自動コンテンツ**
> この章では簡単にムービーを作る方法を紹介します。オリジナルムービーを作成したい場合はChapter 3を見てください。

040

3 テーマを選択

「テーマ」と呼ばれるテンプレートが表示されます。ここでは「旅行」を選びました。

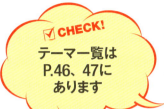

> ✓ CHECK!
> テーマ一覧は
> P.46、47に
> あります

❻ 好きなテーマを選んで、　　❼ [変更]をクリックします

▼ クリップの配置

1 クリップをドラッグ&ドロップ

ムービーに使いたいクリップをタイムラインにドラッグ&ドロップします。

❶ クリップをドラッグしてタイムライン上にドロップします

2 追加ボタンをクリック

追加ボタン(クリップを選択した際に表示される「+」マーク)をクリックしても、タイムラインに追加することができます。

❷ ここをクリックすると、　　❸ 自動的にタイムラインの末尾にクリップが追加されます

▼ トリミングしたクリップの配置

1 クリップをトリミング

一部分だけを使いたい場合は、クリップをトリミングします。黄色い枠の中が使われる部分です。

❶ クリップを選択して表示された黄色い枠をドラッグします

2 追加ボタンをクリック

トリミングができたら、クリップの追加ボタンをクリックします。ムービーの末尾にトリミングされたクリップが追加されます。

❷ ここをクリックすると、　　❸ トリミングしたクリップが追加されます

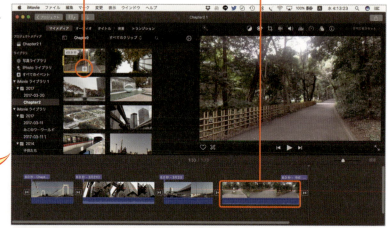

✓ CHECK! トリミングした部分だけがムービーになる

3 クリップをすべて配置

同様の手順で使いたいクリップをすべてタイムラインに並べます。タイムラインの表示サイズは見やすいように調節しましょう。

❹ 使うクリップをすべて並べました　　❺ ここでタイムラインの表示サイズを調節します

ムービーを再生

1 再生ヘッドの頭出し

ムービーを再生して確認しましょう。タイムラインの先頭をクリックして再生します。

❶ タイムラインの先頭をクリックします
❷ ここをクリックします

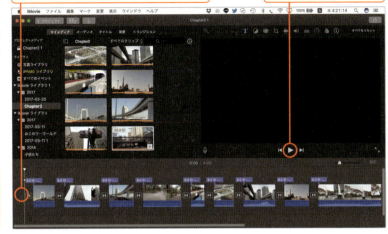

⌘ ショートカット
[¥] ………先頭から再生

2 ムービーの再生

再生ヘッドが動き、ムービーが先頭から再生されます。自動的にタイトルが追加されているのがわかります。

❸ 再生ヘッドが動きます
❹ ここでムービーが再生されます

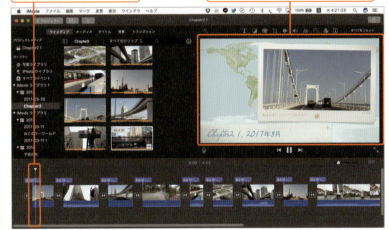

⌘ ショートカット
[　]（スペースキー）
………再生／停止

3 ループ再生の設定

編集を繰り返す際に設定しておくと便利なのが、ループ（繰り返し）再生です。

❺ [表示]メニューの[ループ再生]で設定できます
❻ ここをクリックすると、フルスクリーンで再生されます

Chapter 2 自動コンテンツ

Chapter 2 ［テーマ］
テーマで華やかな演出を加えよう

iMovieには、楽しく華やかで美しいムービーの演出のテンプレートが備わっています。どんなものがあるか見てみましょう。

▼ テーマの変更

1 テーマセレクタを表示

テーマを変更しましょう。タイムラインの[設定]をクリックし、テーマをクリックしてセレクタを表示します。

❶ [設定]をクリックし、　　❷ ここをクリックします

2 テーマのプレビュー

14種のテーマが用意されています。テーマを選んで再生ボタンをクリックします。

❸ 好きなテーマを選びます　　❹ このボタンをクリックして再生します

3 テーマの変更

選んだテーマでよければ、[変更]をクリックして適用します。

❺ ここをクリックします

4 変更できた

選択したテーマが適用され、自動的にトランジションなどの効果も変更されます。

❻ テーマが変更されて自動的に適用されました

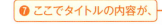

☑ CHECK!
テーマのトランジションやタイトルの種類は変更できない

5 テーマの変更点を確認

選んだテーマで変わるのは、タイトルとトランジションです。内容はタブを切り替えて確認することができます。

❼ ここでタイトルの内容が、

❽ ここをクリックするとトランジションの内容が確認できます

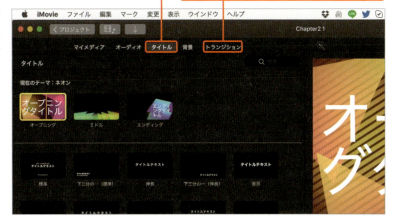

どんなテーマがあるのか見てみよう

コミックブック
アメリカンコミックのような色やコマ割りのデザインが楽しいテーマです。遊びや子供のムービー作成に向いています。

シンプル
ほとんど何も装飾がないテーマです。ビジネス向けのムービーや、ドキュメンタリーの制作に向いているでしょう。

スクラップブック
切り絵とスクラップブックに写真を貼り付けたようなかわいらしいデザインです。旅行や子供のイベントなどのムービー作成に適しています。

スポーツ
このテーマには、ビデオ内に別のクリップを埋め込むことができます。スポーツ中継風のムービーが作れます（詳しくはP.182を参照）。

ニュース
アメリカの報道番組のようなCGのタイトルやエフェクトのテーマです。ニュース風の映像を手軽に楽しむことができます。

ネオン
蛍光色のようなピンクとイエローが印象的。ポップな仕上がりになるので、友達との遊びやスポーツのテーマに適しています。

フィルムストリップ
昔の映画や写真で使われていたフィルムロールを模したエフェクトで、レトロな雰囲気のある遊び用途に向いたテーマです。

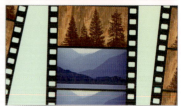

フォトアルバム
古びた写真アルバムの表紙がそのままタイトルになったテーマです。思い出や記録として残したい家族の行事ムービーに向いています。

モダン
モノトーンでシック、シンプルなムービーのためのエフェクトです。ビジネスに使っても、また伝統的な行事の記録にも合うでしょう。

報道番組
ドキュメンタリータッチのTV番組のような、赤を基調とした激しいエフェクトのテーマです。ドラマチックな演出ができます。

愉快
クラフトペーパーのようなテクスチャが、かわいらしくカラフルで楽しげなテーマです。子供や家族、サークルなどの記録に向きます。

掲示板
コルクにピンで止めたようなデザインで、エアメールや地図、チケットなどの小物が楽しげな印象のテーマです。

旅行
地図やパスポートなど、旅行をイメージした小物が多数出てきます。名前の通り、旅の記録をまとめるのにふさわしいでしょう。

明るい
白を基調としたタイトルや、まぶしい光のイメージのトランジションが用意されています。全体的にはシンプルなイメージです。

Chapter 2

[オーディオ]

BGMを入れてみよう

音楽を入れることで、ムービーのクオリティはぐっと上がります。ここでは、iTunesから好きな音楽を選んで入れてみましょう。

▼ iTunesの音楽を追加する

1 iTunesを表示

ムービーの編集画面からiTunesに読み込んだ音楽のリストを表示します。

❶ [オーディオ]タブをクリックし、

❷ ここで[iTunes]を選びます

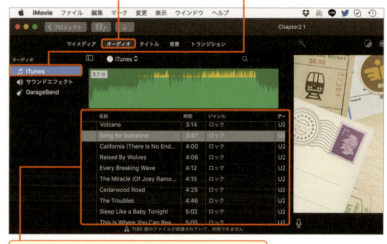

❸ iTunesに読み込まれている音楽が表示されます

✓ CHECK!
ムービーの用途によっては音楽の著作権に注意しよう!

2 入れたい音楽を選択

リストの左にある再生ボタンをクリックすると、音楽を試聴できます。

❹ ここをクリックして再生します

❺ ここで音楽の長さも確認しておきましょう

ポイント
GarageBand
音楽の作成ソフトGarageBandで作った曲も、iMovieに取り込むことが可能です。

3 オーディオトラックに追加

よければ曲名の部分をドラッグしてタイムラインの映像の下部分にドロップします。

❻ ここからドラッグして、
❼ ここにドロップします

▼ フェードイン・フェードアウトの設定

1 フェードインの設定

徐々に音楽が大きくなっていくことを「フェードイン」と言います。オーディオのタイムラインで調節しましょう。

ポイント
オーディオの波形
見本のように波形が表示されない場合は、タイムラインの[設定]→オーディオの[波形を表示]にチェックを付けます。

❶ オーディオファイルをクリックして選択し、
❷ 先頭にある小さな●印を右にドラッグします

2 フェードアウトの設定

フェードイン同様、徐々に消えていく「フェードアウト」の設定を行います。

❸ 終わりにある小さな●印を左にドラッグします

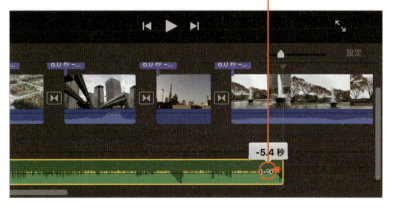

049

▼ オーディオの音量調節

1 コントロールの表示

ムービーを再生してみて、必要があればBGM全体の音量を調節します。

❶ マウスポインタが矢印の形になったらドラッグします

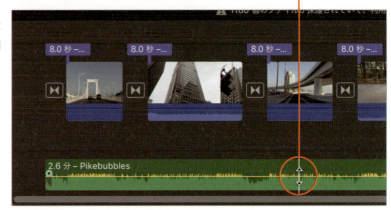

2 コントロールをドラッグ

下にドラッグすると音量が小さく、上にドラッグすると大きくなります。ちょうどよくなるよう調節しましょう。

❷ 上下にドラッグして調節します

3 ビデオの音量を調節

ビデオクリップに含まれている音の大きさも、同様の手順で調節できます。

❸ 上下にドラッグしてビデオの音量も調節できます

2曲目以降の追加

1 次の曲をドラッグする

ムービーの長さに応じて、必要な曲数を同様の手順で配置しましょう。

CHECK!
前の曲に重ねるとそこから次の曲になる

❶ 曲名のところをドラッグして、
❷ 前の曲の終わり部分にドロップします

2 別のトラックに移動

オーディオはムービーに合わせて好きな位置に配置できます。オーディオを重ねて入れたい場合は別のトラックに移動します。

❸ 別のトラックにドラッグして音楽を重ねることもできます

3 重なり方を調節

フェードイン・フェードアウトの設定を行い、徐々に曲が切り替わるようにします。

ポイント
効果音
2つのオーディオトラックを使ってBGMを配置してしまうと、重なる部分には効果音を追加することはできません。

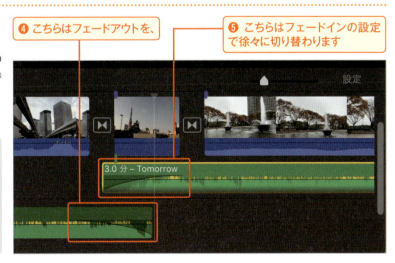

❹ こちらはフェードアウトを、
❺ こちらはフェードインの設定で徐々に切り替わります

Chapter 2 ［クリップの整理］
配置したクリップを整理しよう

クリップの順序を入れ替えたり、削除したりして全体の流れを作ります。起承転結や時系列などを考えて配置しましょう。

▼ クリップの順序を変更

1 クリップをドラッグ

全体の構成を考え、クリップの位置を調節しましょう。移動したいクリップをドラッグ＆ドロップします。

❶ 移動したいクリップをドラッグし、

❷ 別の場所に移動すると、その部分が分かれます

2 入れたい場所でドロップ

そのまま手を離すと、クリップが入れ替わります。

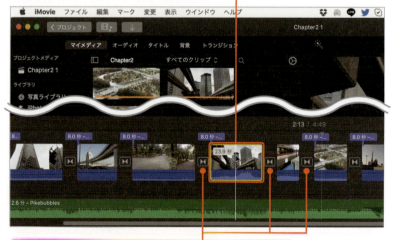

❸ ドロップすると位置が入れ替わります

❹ トランジションなどの効果は自動的に適用し直されます

ポイント　効果が外れてしまう
タイムラインの［設定］で［自動コンテンツ］のチェックが付いていることを確認しましょう。

クリップの削除

1 削除を選択

構成を考えて不要と思ったクリップは削除します。

❶ いらないクリップをクリックして選択し、

❷ ［マーク］から［削除］を選択します

CHECK!
削除しても
ライブラリからは
なくならない

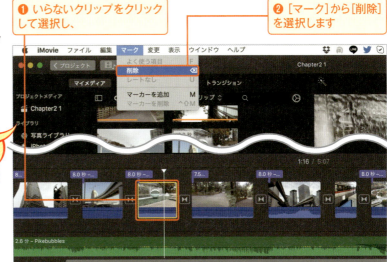

2 クリップが削除された

タイムラインからクリップが消え、自動的に次のクリップが前に送られてきます。

❸ 削除されて後ろのクリップが送られてきます

3 クリップの差し替え

削除ではなく、他のクリップを重ねることでクリップの差し替えもできます。

❹ メディアから他のクリップをドラッグして重ねます

❺ この表示が出たら手を離すと差し替えられます

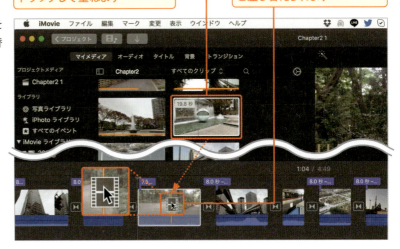

［トリミング］

Chapter 2 クリップの長さを調節しよう

各クリップの前後で不要な部分があれば、トリミング（切り取り）します。ここではBGMに合わせて全体の長さを調節してみましょう。

▼ クリップをトリミング

1 位置を決める

ムービーを再生したり、スキミング（マウスポインタをかざす）などして、トリミングの位置を決めます。

❶ トリミングしたい位置で一度クリックします

❷ 改めてクリップの端をドラッグします

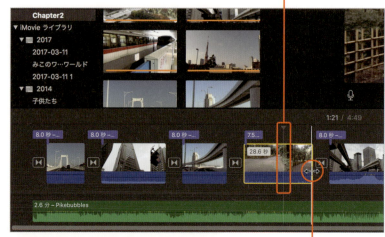

2 決めた位置までドラッグ

クリップがドラッグに応じて短くなります。先ほど決めた位置まで来たら手を離しましょう。

❸ 最初にクリックした位置まで来たら手を離します

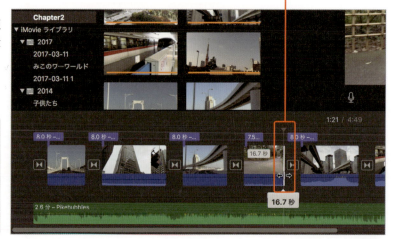

ポイント
トリミングをやり直す
データが削除されたわけではないので、クリップの端をドラッグすれば何度でもやり直せます。

3 トリミングできた

クリップが短くなり、適用されていた効果が自動的に再適用されます。ムービー全体の長さも短くなります。

④ クリップが短くなりました
⑤ トランジションは再適用されます

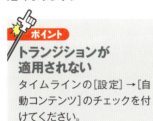

ポイント
トランジションが適用されない
タイムラインの[設定]→[自動コンテンツ]のチェックを付けてください。

範囲を決めてのトリミング

1 クリップを選択

クリップの前後を一度にトリミングしたい場合は、範囲を表示させます。

① トリミングしたいクリップをクリックします

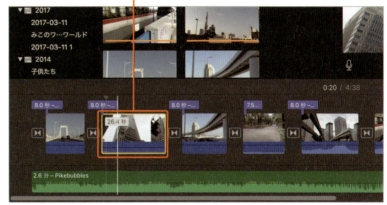

2 範囲の設定

Rキーを押しながら、クリップの上をドラッグすると範囲が作られます。

② Rキーを押しながらドラッグします
③ 黄色い枠で範囲が表示されます

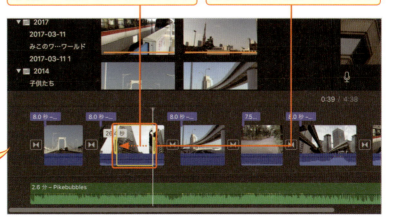

CHECK!
一度に前後をカットできる！

3 選択範囲をトリム

できた範囲もクリップ同様、枠の左右をドラッグすることで位置調整が可能です。

❹ ドラッグして位置を調整し、

❺ [変更]メニューから[選択部分をトリム]を選択します

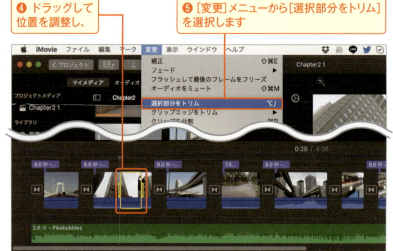

4 クリップの前後をトリミングできた

クリップが範囲でトリミングされて短くなります。エフェクトやタイトルも自動的に調整されます。

❻ 範囲でトリミングされました

❼ ムービー全体の長さも変わります

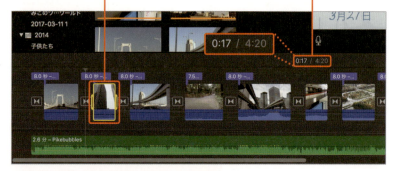

▼ クリップのトリム編集

1 クリップのトリム編集

クリップ1つだけをクローズアップしてトリミングする方法を見てみましょう。

❶ クリップをクリックして、

❷ [ウインドウ]メニューから[クリップのトリム編集を表示]を選択します

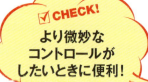

CHECK!
より微妙なコントロールがしたいときに便利!

2 編集画面でトリミング

選択したクリップだけの表示になります。白い線をドラッグしてトリミングします。

❸ クリップの表示サイズを調節して見やすくします

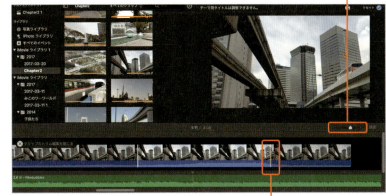

❹ この線をドラッグしてトリミング位置を決めます

3 クリップ自体をドラッグ

クリップのトリム編集画面では、トリミング位置だけでなくクリップ自体をドラッグして位置調整が可能です。

❺ クリップ上をドラッグします

4 クリップごとにトリミングできた

トリミング位置を調節したら[クリップのトリム編集を閉じる]のマークをクリックして、編集を終了します。

❻ クリップが移動してトリミング位置が決まったら、

❼ ここをクリックしてタイムラインに戻ります

Chapter 2　トリミング

Chapter 2 手軽に楽しむムービー作成

[サウンドエフェクト]
Chapter 2 ムービーに効果音を入れよう

iMovieには多彩な効果音が用意されています。短い水音からサイレン、長い音楽まで。これらを使ってムービーを盛り上げていきましょう。

▼ 効果音を入れる

1 サウンドエフェクトを表示

ムービーに効果音をつけます。効果音は[オーディオ]の[サウンドエフェクト]に入っています。

CHECK!
iMovieに入っている効果音は公開してもOK!

❶ オーディオを表示して、
❷ [サウンドエフェクト]を選択します
❸ リストが表示されるので、ここをクリックして試聴します

2 効果音を追加

使うエフェクトが決まったら、リストからドラッグしてタイムラインに配置します。

❹ ここからドラッグして、
❺ 映像のクリップの下にドロップします

058

3 他の効果音を追加

効果音はいくつでも追加できます。同様の手順で配置してみましょう。

ポイント
サウンドエフェクト
数秒程度の短いエフェクトを追加すると、タイムラインでは小さく表示されてしまいます。見づらい場合はタイムラインを拡大表示してください。

❻ いくつか追加してみました

4 効果音の調整

サウンドエフェクトもビデオクリップと同様トリミングできます。またBGMと同様に音量やフェードイン・フェードアウトの設定が可能です。

❼ ドラッグするとトリミングされます

5 長い効果音を探す

BGMが欲しい場合は、音楽のエフェクトを探すとよいでしょう。時間でソートすればリストから選びやすくなります。

ポイント
テーマの音楽
サウンドエフェクトには、テーマセレクタで流れる音楽も入っています。ムービーのイメージに合うものを探してみましょう。

❽ ここをクリックすると時間で並び替えられます

❾ 音楽は1分半から2分を超えるものまであります

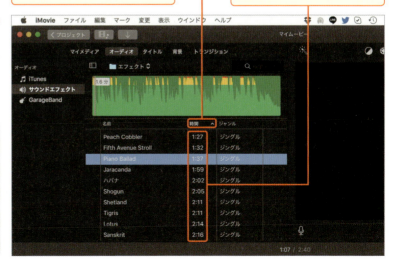

Chapter 2 手軽に楽しむムービー作成

［タイトル／クレジット］

Chapter 2 タイトル文字を編集しよう

選んだテーマに沿ったタイトルが自動的に追加されています。テキストを自分のムービーに合わせて入力し直しましょう。

▼ テキストの入力

1 タイトルの設定

テーマを決めてムービーを作成したので、タイトルも自動的に追加されています。

❶ タイトルが設定されているクリップには表示がついています

2 タイトルを編集

タイトル表示をダブルクリックすると、プレビュー上で文字が入力できる状態になります。ムービーに合わせてテキストを入力しましょう。

❷ ここをダブルクリックします

❸ ここでテキストを入力します

060

3 他のテキストも入力

その他のタイトルも同様にして入力しましょう。

❹ 他のタイトルも同様に入力します

CHECK!
フォントやサイズは変更できない

▼ タイトルの追加

1 タイトルを表示

自分で好きなクリップにタイトルを追加することもできます。まずはタイトルを表示して、追加したいタイトルのタイプを決めます。

❶ [タイトル]をクリックします

❷ 現在のテーマに合ったタイトルが表示されます

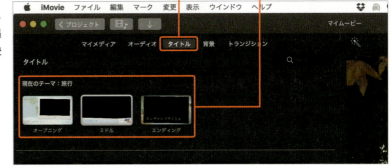

2 ドラッグ&ドロップする

タイトルを適用したいクリップの上にドラッグ&ドロップします。これで他のクリップ同様テキストの編集が可能になります。

❸ ドラッグ&ドロップします

❹ タイトルが追加されました

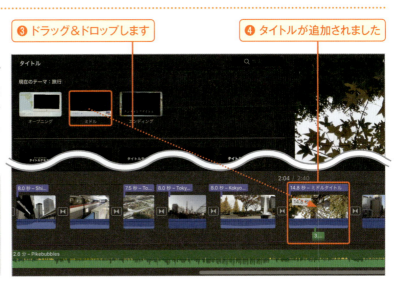

ポイント
タイトルの削除
不要なタイトルは、タイムライン上で選択して delete キーを押せば削除できます。

Chapter 2 タイトル／クレジット

Chapter 2 ムービー全体にフィルタを加えて仕上げよう

[フィルタ]

映像に色を加えたり、鮮やかさを調整して雰囲気を演出してくれるのが「フィルタ」です。ムービーの仕上げとしてフィルタを適用してみましょう。

▼ プロジェクトフィルタを適用

1 フィルタを表示

ムービー全体にフィルタを適用します。タイムラインの[設定]からフィルタの選択画面を表示しましょう。

❶ ここをクリックして、　❷ フィルタのボタンをクリックします

2 プレビューを見て選ぶ

フィルタを選択する画面が表示されます。マウスポインタを合わせると、プレビューが表示されます。

❸ マウスポインタを合わせてプレビューを見ます

3 フィルタを選択

ムービーのイメージに合うものが見つかったらクリックして適用させます。

❹ ここでは[ブロックバスター]を選んでクリックします

4 フィルタが適用された

ムービーを再生するとフィルタが適用されているのがわかります。

❺ 選んだフィルタが適用されました

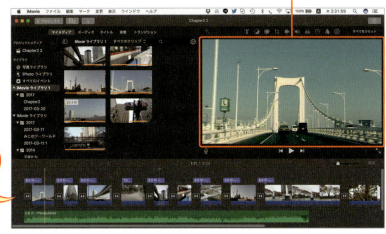

☑CHECK!
タイムラインの表示は変化しない

▼ 黒からフェードイン・フェードアウトの適用

1 ムービーの始まりと終わりの設定

[設定]の[黒からフェードイン]と[黒へフェードアウト]のチェックを付けると、ムービーの最初と最後を徐々に黒へと変化させることができます。

❶ ここにチェックを付けると、

❷ バッジが表示されて適用されます

▼ 主なフィルタの種類

フィルタは全部で36種類用意されています。ここでは主なフィルタの効果を見てみましょう。

元のビデオ
フィルタを適用する前のビデオの画像です

白黒
モノクロ写真のような、色味のないグレーの映像に変化します

サイレント
昔のサイレント映画のようなフィルタ。思い出のムービー作成に合います

ヒートウェーブ
色味が濃くなり、コントラストが高まります。強烈な印象を与えます

ビンテージ
昔のカメラで撮ったような加工。懐かしいようなイメージが作れます

ウェスタン
西部劇の世界のような赤みがかった色合いが再現されます

古いフィルム
フィルムカメラで撮影したような褪せた柔らかい色味が特徴です

セピア
その名の通りセピアカラーに変化します。レトロな印象を与えます

ロマンチック
周囲にぼかしが入った柔らかい、甘い印象のビデオになります

アニメ
ものの輪郭はハッキリし、色の部分はボヤけた手描きの絵のようなフィルタです

ブラスト
周囲は暗く、全体の色合いは強くなります。「強い」という意味の名前です

ブリーチバイパス
日にあたって色が抜け出てしまったような、褪せた色味が特徴のフィルタです

フラッシュバック
強い光があたったような効果のフィルタ。色味は全体に薄くなります

昼から夜へ
昼間に撮影された映像でも、夜撮ったような印象に変えてしまうフィルタです

X線
レントゲン写真のようなモノクロで反転したイメージの映像になります

ダブルトーン
映像をすべて赤と黄の二色だけに変えてしまう癖の強いフィルタです

Chapter 2 ［共有（Facebook）］
ムービーをSNSで共有しよう

できあがったムービーをFacebookに投稿してみましょう。他の共有についてはChapter 4 で詳しく解説します。

▼ ムービーをFacebookに書き出す

1 ［共有］をクリック

❶ ここをクリックして、

ムービーの編集が終わったら、画面右上の［共有］ボタンから共有先を選びます。

ポイント　プロジェクトの保存
iMovieで作成しているムービーは自動的に保存されていますので、保存の操作は必要ありません。

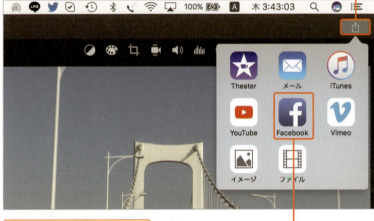

❷ Facebookを選択します

2 共有の設定

ムービーのタイトルや説明文などを入力します。またムービーの書き出し設定もこの画面で行います。

❸ ムービーにタイトルを付けます

❹ 説明文を入力し、

CHECK!　FacebookはHD画質に対応

❺ 解像度を設定して、

❻ 公開範囲をまずは［自分のみ］に設定します

❼ Facebookアカウントへのサインインはここをクリックして行います

❽ よければここをクリックします

3 書き出しを待つ

❾ ここをクリックすると進行状況が確認できます

設定に沿ってムービーが書き出され、そのままFacebookにアップロードの手続きを行います。進行状況を確認してみましょう。

4 アップロード完了

❿ この表示が出たらアップロード完了です

アップロードが終わると、図のような表示が出ます。実際にFacebookに反映されるまでは、さらに時間がかかる場合もあります。

▼ Facebookでムービーを確認

1 自分のタイムラインを確認

❶ ブラウザでFacebookにアクセスし、

公開範囲を[自分のみ]にしておいたので、自分のタイムラインでムービーを確認してみましょう。

ポイント
公開範囲のコツ
書き出し時には公開範囲を狭く設定しておいて、投稿された内容を確認してから範囲を調節するようにしましょう。

❷ 投稿されたムービーをクリックしてみましょう

Chapter 2 共有(Facebook)

2 ムービーの再生

❸ 再生画面でムービーを確認します

ムービーが大きく表示され、再生が始まります。

3 プライバシー設定

❹ ムービーに問題がなければ、設定範囲を広げます

ムービーが問題なくアップロードされ、著作権や肖像権等の問題がないことを確認した上で、公開の設定を変更しましょう。

4 動画設定

❺ 設定の[動画]を選択して表示し、　　❻ ここで画質を選択します

Facebookで動画が粗く表示されてしまう場合は、設定画面から[動画]→[動画のデフォルト画質]を変更してみてください。

ポイント
HD画像

iMovieで共有するムービーはHDが基本ですが、低解像度の書き出しも可能です。この方法で画質が改善しない場合は、共有時の設定を見直してみてください。

Chapter 3

オリジナルムービーの編集と便利な機能

070	プロジェクトを準備しよう
072	ムービーの構成を決めよう
074	クリップの長さを細かく調節しよう
078	クリップを分割してみよう
080	別のクリップに置き換えてみよう
082	早送りやスローモーションを設定してみよう
084	逆再生や巻き戻しで楽しい演出をしてみよう
088	ストップモーションを追加しよう
090	クリップを拡大・縮小・回転しよう
094	ビデオの明るさや色を調整しよう
098	徐々に色が消える効果を付けてみよう
100	トランジションを設定しよう
104	トランジションの重なり方を調整しよう
106	ビデオに別のビデオを重ねてみよう
110	ムービーにタイトルを入れよう
114	背景付きのタイトルを入れよう
118	ムービーの長さに合わせてBGMを入れよう
120	ビデオの音量を調節しよう
124	ナレーションを追加しよう

Chapter 3 オリジナルムービーの編集と便利な機能

［プロジェクトメディア］

Chapter 3 プロジェクトを準備しよう

ここではテンプレートを使わず、一からオリジナルのムービーを作成する方法を紹介します。iMovieにはプロ用の編集ソフトと同様の機能が備わっています。

▼ プロジェクトの準備

1 ムービーの作成

［プロジェクト］の画面から、新しいムービーのプロジェクトを作成します。

❶ ［プロジェクト］をクリックして画面を切り替えます

❷ ここをクリックして、［ムービー］を選択します

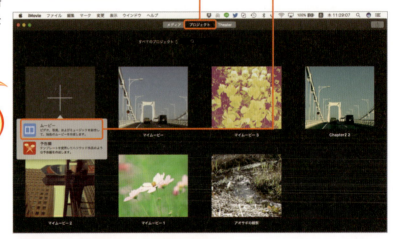

CHECK!
編集途中のプロジェクトを開くときもここから！

2 プロジェクトメディアの読み込み

使用するビデオ素材を読み込みます。すでに読み込まれたビデオを使う場合は、ライブラリを選択してメディアを表示しておきましょう。

❸ メディアを読み込むボタンをクリックします

ポイント　サンプルファイル
この章ではサンプルの「Chapter 3」を使用します。ファイルのダウンロードについてはP.16を参照してください。

070

3 ビデオ素材を選択する

読み込みのためのウインドウが表示されます。保存してあるフォルダごと選択して読み込みましょう。

❹ 素材をフォルダごと選択して、

❺ [選択した項目を読み込む]をクリックします

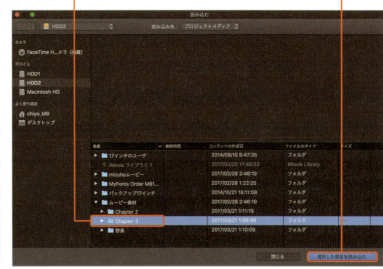

ポイント
プロジェクトメディア
プロジェクトの画面から読み込みを行うと、そのプロジェクトのライブラリに読み込まれます。撮影時期がまちまちな素材などを集めておくのに便利です。

4 素材が読み込めた

フォルダに含まれるビデオや写真が読み込まれました。クリップを選択して再生し、どんな素材があるか確認してみましょう。

❻ クリップを選択して、

❼ ここで再生／停止のコントロールをします

5 自動コンテンツを切る

この章では自分でトランジションなどの設定を行うので、自動的にクリップをつなぐ機能は切っておきます。

❽ [設定]をクリックして、

❾ [自動コンテンツ]のチェックを外しておきます

❿ その他の設定もこのようにします

Chapter 3 オリジナルムービーの編集と便利な機能

［クリップの配置］
Chapter 3 ムービーの構成を決めよう

読み込んだクリップを配置して、ムービーの大きな構成を組み立てます。ここでは四季の風景を、季節ごとにいくつか選んで配置してみます。

▼ 範囲を決めてクリップを配置

1 クリップの表示を拡大

ビデオクリップをタイムラインに配置します。後でトリミングしますが、あらかじめある程度使う部分を選んでおくとよいでしょう。

❶ ［拡大／縮小］を5秒程度に設定します

❷ サムネールの表示が長くなります

2 使いたい範囲を決める

クリップをクリックすると黄色い枠が表示されます。範囲を決めて配置しましょう。

❸ この枠をドラッグして使う範囲を決め、

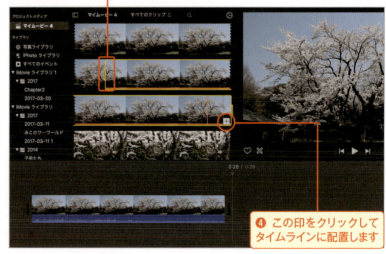

❹ この印をクリックしてタイムラインに配置します

ポイント 範囲はやり直せる？
範囲を指定しても、元のクリップの長さが変わるわけではありません。タイムライン上で範囲外を復活させることも可能です。

3 ビデオクリップを配置

他のクリップも同様の手順で範囲を決めて配置します。四季の風景の映像なので、春から夏、秋、冬の順になるように並べてみました。

❺ 他のクリップも配置しました

4 静止画の配置

ムービーの中に自然に静止画を組み合わせることも可能です。サンプルのカメラマークが付いた静止画をいくつか追加してみましょう。

❻ このマーク 📷 が付いているのが静止画です

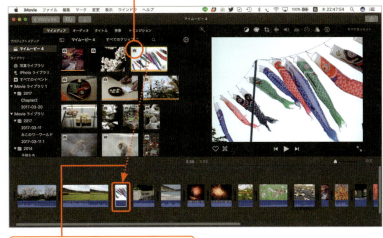

❼ ドラッグ＆ドロップして配置します

5 構成を決める

再生して確認しながら、大きな流れを完成させましょう。クリップはドラッグ＆ドロップで順序を入れ替えたり、削除することもできます。

❽ ドラッグして位置を変えたり、

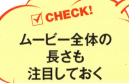

☑ CHECK!
ムービー全体の長さも注目しておく

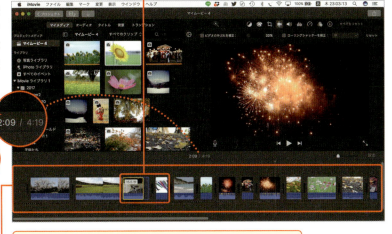

❾ クリップの削除や追加をして全体の構成を完成させます

073

Chapter 3 [トリム] クリップの長さを細かく調節しよう

ムービーのできばえは編集作業、特にクリップの長さの微妙なコントロールによって決まります。リズムよくつながるようなトリミングをしましょう。

▼ クリップエッジをトリム

1 ドラッグしてトリム

トリムの基本は、クリップの端をドラッグするやり方です。

CHECK!
「トリム」は一部分を切り取る編集の作業

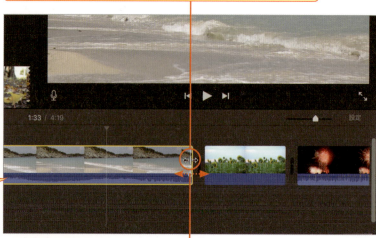

❶ クリップの端にマウスポインタを合わせ、この表示になったら、

❷ 左右にドラッグします

2 トリムされた

ドラッグ中はクリップの秒数が表示され、マウスボタンを離すとトリムされます。

❸ ちょうどよいところで手を離します

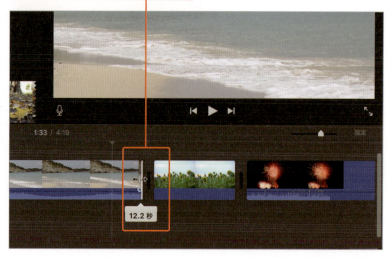

3 クリップエッジをトリム

クリップの端（エッジ）をクリックして、エッジが選択された状態にします。

❹ ここをクリックして白い線を表示させます

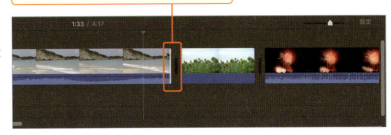

4 細かい調整ができた

キーボードの◻︎◻︎キーで、ビデオの1フレームずつエッジのトリムを調整することができます。

❺ ◻︎◻︎キーでエッジを調節することができます

> **ポイント**
> **1フレーム**
> デジタルビデオ映像は1秒間に30フレーム（60フレームのものもある）。つまり1秒間に30枚の画像を使って映像を表現しています。

継続時間でトリム

1 情報を表示

クリップの長さをぴったり揃えたい場合などは、時間でトリミングすることもできます。

❶ クリップを選択します

❷ クリップ情報をクリックすると、

❸ ここに継続時間が表示されます

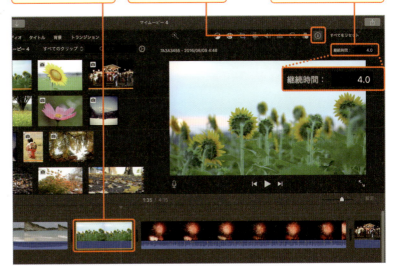

② 時間を入力

時間の表示をクリックして数値を入力します。単位は秒です。

❹ クリックしてから数値を入力します

> **CHECK!**
> 静止画の継続時間を変えたいときにも便利！

③ 数値でトリムできた

ここでは元のクリップよりも長い時間を入力したので、タイムラインの表示が伸びました。

❺ クリップの長さが変更されました

> **ポイント**
> **元のクリップの長さ**
> ここでは静止画で時間を伸ばしましたが、映像の場合は元のクリップがないと時間を伸ばすことはできません。

再生ヘッドの位置までトリム

① トリミングしたい位置をクリック

クリップのトリミングしたい位置をクリックするか、キーボードの矢印キーで再生ヘッドの位置を合わせます。

❶ クリックして再生ヘッドの位置を決めます

2 再生ヘッドの位置までトリム

[変更]メニューから[再生ヘッドの位置までトリム]を選択します。

❷ ここを選択します

⌘ ショートカット

option + [/] ……… 再生ヘッドの位置までトリム

3 トリムできた

この方法では必ず、再生ヘッドの後ろにある映像がトリミングされます。

❸ 再生ヘッドから後ろがトリミングされました

4 目印になるマーカーを付ける

トリミングだけでなく、タイミングを合わせたい部分などにはマーカーを付けておくと便利です。

❹ [マーク]メニューから[マーカーを追加]を選択すると、

❺ クリップにマーカーが付いて位置合わせがしやすくなります

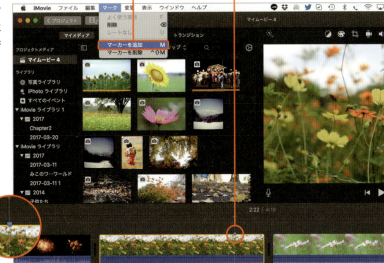

☑ CHECK!
マーカーには
ポインタを吸着させる機能がある

Chapter 3 オリジナルムービーの編集と便利な機能

Chapter 3 ［クリップを分割・結合］
クリップを分割してみよう

一連の映像の中に別の映像を挟み込んだり、分けて別のクリップとして使用したい場合にはクリップを分割します。

▼ クリップの分割

1 分割したい位置でクリック

ビデオクリップを分割します。分割したい位置に再生ヘッドを合わせます。

❶ クリップを分割したい位置でクリックします

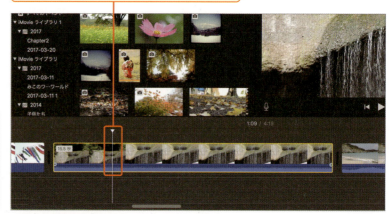

ポイント
再生ヘッドの微調整
キーボードの左右の矢印キーで再生ヘッドの位置を微調整できます。

2 クリップを分割

［変更］メニューから［クリップを分割］を選択します。

❷ ここを選択します

ポイント
分割したクリップ
削除しても元のビデオデータは消えません。クリップの端をドラッグすることでまたその部分を復活できます。

078

3 クリップが分割された

これで分割されます。間に別の画像を入れたり、別の場所に分けて配置して使うこともできるようになります。

❸ クリップが分割されました

クリップの結合

1 結合したいクリップを選択

一度分割したクリップでも、再び結合してひとつのクリップに戻すことができます。

❶ 分割したクリップ同士を選択して、

❷ [変更]メニューから[クリップを結合]を選択します

2 クリップが結合された

分割したクリップが元に戻り、ひとつのクリップとして使える状態になりました。

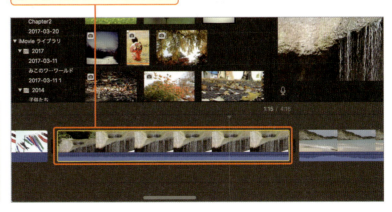

❸ ひとつのクリップになりました

ポイント
違うクリップ同士
分割したクリップではなく、もともと別の映像だったクリップは結合することはできません。

079

Chapter 3 オリジナルムービーの編集と便利な機能

Chapter 3 ［クリップの置き換え］
別のクリップに置き換えてみよう

クリップの置き換え機能を使えば、クリップを別のクリップに差し替えたり、挟み込んだりすることができます。

▼ クリップを置き換える

1 クリップをドラッグ＆ドロップ

タイムラインのビデオクリップを、別のクリップに置き換えます。メディアからクリップを選んでドラッグします。

❶ クリップを選んでタイムライン上にドラッグします

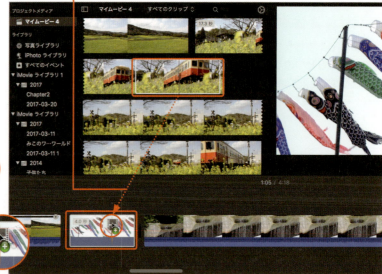

☑ CHECK!
ポインタに「＋」マークが出るまで待つ

2 ［置き換える］を選択

手を離すと自動的にメニューが表示されます。ここでは［置き換える］を選択してみます。

❷ ここを選択します

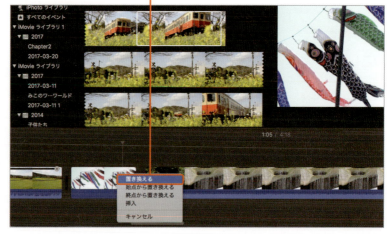

080

3 クリップが置き換わった

新たに入れたクリップの方が時間が長いのでムービー全体の長さも伸びます。

ポイント
元のクリップの長さ
ムービーの長さを変更したくない場合は、表示されるメニューで[始点から置き換える][終点から置き換える]のいずれかを選択します。

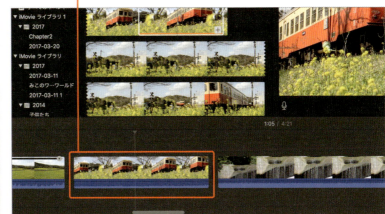

❸ クリップが置き換わりました

▼ クリップの挿入

1 [挿入]を選択

同じ手順で今度は[挿入]を選択してみましょう。

❶ クリップをドラッグして、

❷ ここを選択します

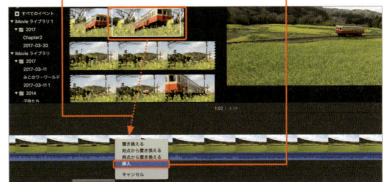

2 クリップが挿入された

すると自動的に置き換え先のクリップが分割され、間にドラッグしてきたクリップが挟み込まれた状態になります。

ポイント
ムービーの長さ
置き換え先のクリップは削られないので、追加したクリップの分だけムービー全体の時間が伸びます。

❸ クリップの間に挟まれるように挿入されました

Chapter 3 クリップの置き換え

Chapter 3 ［早送り／スローモーション］
早送りやスローモーションを設定してみよう

早送り・スローモーションといった速度調節は、デジタル映像ならではの楽しい表現です。部分的に取り入れて変化を付けたり、全体をコミカルに仕上げることも可能です。

▼ 早送り

1 早送りの速度を選択

クリップに早送りの設定をします。ムービー全体に適用したい時はすべてのクリップを選択してください。

❶ クリップを選択して、

❷ ［変更］メニューから［早送り］→（速度）を選びます

ポイント　早送りの速度
メニューから選択する際は、2倍（2×）、4倍（4×）…といった具合に倍速の設定になります。

2 早送りが設定された

クリップが短くなり、ウサギのマークが表示されて早送りが設定されたことがわかります。

❸ クリップが短くなりました

❹ 早送りのマークが表示されます

CHECK! 音声もキーが高くなるので注意！

3 速度の微調整

クリップ上部に速度調節のバーが表示され、ドラッグして早送りの速度を調節することができます。

❺ ここをドラッグすると速度の微調整ができます

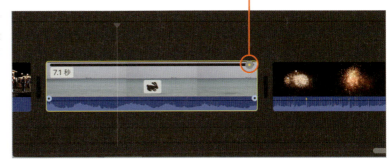

▼ スローモーション

1 スローモーションの速度を選択

同じ手順で今度は[スローモーション]を選択してみましょう。

❶ クリップを選んで、

❷ ここを選択します

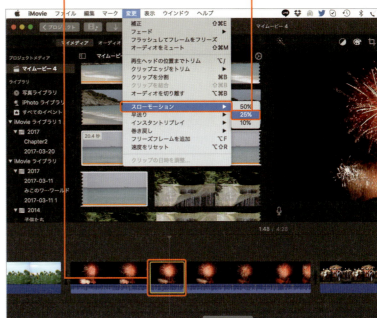

ポイント
スローモーションの速度
スローモーションは速度の比率で表します。25%を選択すると元の1/4のスピードになり、クリップの時間は4倍に伸びます。

2 スローモーションが適用

ここでは3分割した真ん中のクリップにだけスローモーションを適用しました。花火の一部分がゆっくりと表現されます。

❸ スローモーションが適用されました

❹ 早送り同様、ここで速度の微調節ができます

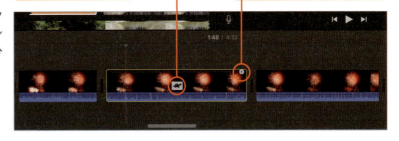

Chapter 3 ［逆再生／インスタントリプレイ／巻き戻し］
逆再生や巻き戻しで楽しい演出をしてみよう

iMovieにもTVのバラエティ番組や、YouTubeのおもしろ動画などに使われるような、映像の逆回転や巻き戻しなどの楽しい機能が備わっています。

▼ 逆回転の設定

1 クリップの分割

逆回転は長いクリップより、短いクリップでじっくり見せる方が面白いので、滝のクリップの一部を分割して用意します。

❶ 分割したい位置に再生ヘッドを合わせて、

❷ ［変更］メニューから［クリップを分割］を選択します

2 速度の設定を表示

分割したクリップを選択して、速度の設定からスピードを遅くした逆回転を設定します。

❸ クリップを選択して、

❹ ［速度］をクリックして速度の設定を表示します

❺ ［遅く］を選んで、

❻ ［逆再生］にチェックを付けます

3 逆回転映像になった

これで映像が逆回転になりました。滝の水がゆっくりと上がっていく面白いビデオです。

❼ スローモーションで水が上がっていく不思議な映像になりました

▼ インスタントリプレイの設定

1 クリップを分割

インスタントリプレイは、選んだクリップを自動的にスローモーションでリプレイ（再再生）する機能です。

❶ カワセミが跳び立つ瞬間に再生ヘッドを合わせて、

❷ [変更]メニューから[クリップを分割]を選択します

2 インスタントリプレイを設定

切り出したクリップを選択して、インスタントリプレイの速度（スローモーション）を設定します。

❸ クリップを選択します

❹ [変更]メニューの[インスタントリプレイ]から速度を選びます

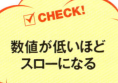

✓ CHECK!
数値が低いほどスローになる

③ インスタントリプレイが設定できた

カワセミが飛び立ったったあと、再び飛び立つ部分がスローモーションでリプレイされます。自動的にテロップも表示されます。

✓ CHECK!
テロップはタイトルを選択して削除可能

❺ 飛び立つ瞬間がスローでリプレイされます

❻ テロップが自動で付きます

巻き戻しの設定

① クリップを選択する

巻き戻しは、流れている映像を素早く巻き戻してまた再生する、という面白動画の機能です。まずは適用したいクリップを選択します。

❶ 設定したいクリップをクリックして選びます

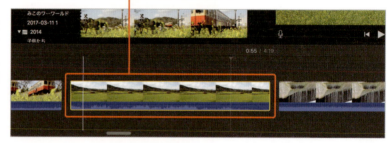

② 巻き戻しの速度を選択

[変更]メニューの[巻き戻し]から速度を選びます。ここでは4倍速（4×）のを選択しました。

❷ ここで巻き戻しの速度を選びます

3 巻き戻しの適用

電車が走り遠ざかろうとしたところ、急に猛スピードで戻ってきて、また何事もなかったかのように去っていくという、不思議で面白いビデオクリップになりました。

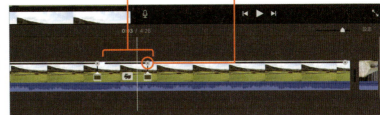

❸ ここが巻き戻しの部分です ❹ 速度のスライダで速さを調節できます

速度のリセット

1 速度のリセットを選択

ここで紹介したのはすべて「速度」の設定による機能です。取り消したい場合は、速度のリセットを行います。

❶ リセットしたいクリップを選択して、 ❷ [変更]メニューから[速度をリセット]を選びます

2 元のビデオクリップに戻った

速度の調節スライダが消えて、クリップの長さも元の状態に戻りました。スローモーションや早送りも同様の手順で元に戻せます。

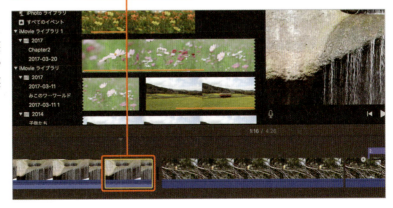

❸ 元の速度のクリップに戻りました

Chapter 3 オリジナルムービーの編集と便利な機能

Chapter 3 ［フリーズフレームを追加］
ストップモーションを追加しよう

映像が一時点で静止してまた動き出す。よく映画やドラマでエンディングの演出に使われるような効果のストップモーションも、iMovieでは簡単に設定できるようになっています。

▼ フリーズフレームを追加

1 クリップを選んで適用

❶ クリックして再生ヘッドを固定し、

❷［変更］メニューから［フリーズフレームを追加］を選びます

ストップモーションを設定してみましょう。静止させたい位置に再生ヘッドをクリックして固定します。

CHECK!
静止画を撮影しているような効果

2 場面を静止状態にできた

❸ クリップの速度が変化して、

❹ この部分だけ静止した状態になります

再生ヘッドのあった位置から3秒間静止状態の画像が続き、その後またビデオの続きが動き出す設定になりました。

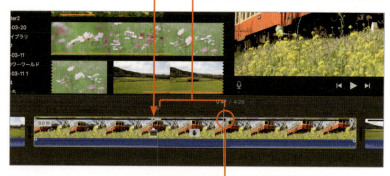

❺ スライダを動かして静止時間を変えられます

088

3 効果音の追加

サウンドエフェクトから[Camera Shutter]を選んで静止状態の最初に入れます。これでカメラで撮影して静止したような演出ができます。

❻ これがシャッター音の効果です

❼ 静止画の先頭に入れて演出を盛り上げました

◤ フラッシュしてフレームをフリーズ

1 クリップを選んで適用

フリーズフレームと同様の効果ですが、フラッシュが光ってから静止する加工ができる機能もあります。

❶ 静止させたい位置に再生ヘッドを移動し、

❷ [変更]メニューから[フラッシュしてフレームをフリーズ]を選択します

ポイント　クリップの分割
この機能はクリップが自動で分割されるので、静止画だけをモノクロに加工するといったクリップ単位の効果もつけられます。

2 ストップモーションになった

映像のクリップ、静止画のクリップ、また映像のクリップというように、静止画が挟み込まれた状態になりました。

❸ 映像のクリップ　❹ フラッシュの効果　❻ また映像のクリップ
❺ 静止画のクリップ

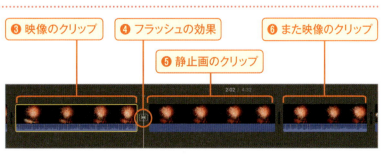

Chapter 3 ［クロップ］クリップを拡大・縮小・回転しよう

映像や静止画のクリップを、部分的に拡大したり回転させることができます。また拡大した範囲を移動させることで、カメラをパン（向きを動かす動作）したときのような変化が付けられます。

▼ ムービーの比率にフィット

1 クリップを選択

HDで撮影されたビデオは、そのままでiMovieの画面サイズに合う比率です。静止画や古いビデオの場合は、画面の上下をカットするか左右に黒い部分を付けます。

❶ クリップを選択して、

❷ ［クロップ］をクリックします

☑ CHECK!
HDムービーの画面比率は16：9

2 ［フィット］を選択

静止画はデフォルトで［Ken Burns］が設定されていますので、［フィット］に変更します。上下左右のいずれかが画面のサイズに調整されます。

❸ ［フィット］を選びます

❹ 画像全体が入りました

❺ 足りない部分は黒で表示されます

▼ サイズ調整してクロップ

1 クロップの設定

今度は[サイズ調整してクロップ]を選択します。このモードでは画面の好きな部分を拡大・縮小してムービーに使うことができます。

❶ ここを選択します

2 範囲を決める

クロップ枠が表示されますのでドラッグして好きなサイズ、位置を決めます。

❷ ドラッグして位置や大きさを決めます

3 クリップを拡大表示できた

再生してみると、サイズや位置が調整されているのがわかります。元の画像や映像の解像度によっては、拡大しすぎると荒れてしまうこともあるので注意しましょう。

❸ クリップを選択して、

❹ 再生すると確認できます

◼ クリップの回転

1 クリップを選択

❶ 横向きになってしまった残念なビデオです

まれにiPhoneなどの携帯用デバイスで撮影した画像や映像の向きが合っていないことがあります。これを直してみましょう。

2 クリップを回転させる

❷ ここを選択して、
❸ このボタンをクリックします
❹ 向きを正しく回転させられました

[クロップ]の中にあるボタンをクリックすることで、クリップ全体を回転させることができます。

ポイント　なぜ横向きになる？
iPhoneのビデオカメラを録画開始時点で縦に持っていると、そのまま縦長の映像を撮影してしまいます。

◼ Ken Burns（ケンバーンズ）の設定

1 クリップを選択する

❶ 効果を付けたいクリップを選び、
❷ ここを選択して、
❸ [Ken Burns]を選びます

Ken Burnsは、始点と終点を設定してカメラが動いたりズームするような効果を付ける機能です。

ポイント　Ken Burnsの効果
ビデオ映像でも三脚を使って撮影したカメラの動きが少ないものや、静止画から動画を作りたい場合に向いています。

2 始点を設定

プレビュー画面には2つの枠が表示されます。まずは始点の枠をドラッグして、位置とサイズを調整します。

❹ 始点の枠をドラッグして位置とサイズを決めます

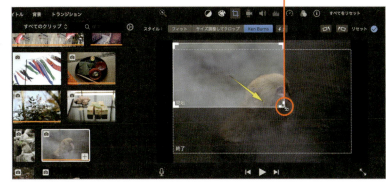

3 終点の設定

続いて終点の枠を選択してドラッグし、位置やサイズを設定します。ここでは左上から右下に拡大しながら移動するよう設定しました。

❺ 終点の枠をドラッグして位置とサイズを決めます

4 動きのある効果が加わった

元のクリップを選んで再生してみましょう。カメラが左から右下へと動きながらズームするような、動きのある効果が加わりました。

❻ クリップに再生ヘッドを合わせて、　❼ 再生ボタンをクリックします

❽ 動きのある効果が適用されました

Chapter 3　クロップ

Chapter 3 オリジナルムービーの編集と便利な機能

Chapter 3 ［カラーバランス／色調整］ビデオの明るさや色を調整しよう

iMovieには、写真編集ソフトのように色を調整する機能が備わっています。クリップごとに適用されるので、一部にだけ使いたい場合はあらかじめクリップを分割しておきましょう。

▼ 自動補正を適用

1 クリップを選択

難しい調整抜きで自動で色やノイズを調整する機能があります。まずはその自動補正の機能を使ってみましょう。

CHECK! まずは自動補正を試してみよう！

❶ クリップを選択して、　❷ このマークをクリックします

2 明るさや色が補正された

自動補正の機能を使うと、色や明るさだけでなくビデオの音声に含まれるノイズも軽減してくれます。ワンクリックで済むので手軽です。

❸ 色や明るさが補正されました

094

カラーバランスの調整

1 マッチカラーを選択

カラーバランスには3通りの補正方法があります。マッチカラーは、クリップを別のクリップの色に合わせる機能です。

> **ポイント**
> **どんなときに使う？**
> 同じ被写体でも、撮影する時間や天気によって色が変わって見えることがあります。つなぎ合わせて違和感がある場合使うとよいでしょう。

❶ クリップを選択して、
❷ [カラーバランス]をクリックして、
❸ [マッチカラー]を選択します

2 参照するクリップを選ぶ

続いて参照するクリップを選びます。ここではメディアにある桜の写真をクリックしました。

❹ 参照するクリップを選んでクリックします
❺ よければ[適用]のチェックをクリックします

3 色調が揃った

するとクリップ全体のカラーバランスが変化し、明るくくっきりとしたのがわかります。

❻ カラーバランスを揃えることができました

Chapter 3 カラーバランス／色調整

4 そのほかの機能

[マッチカラー]以外の項目も見ておきましょう。[ホワイトバランス]は、いわゆる「色かぶり」を補正するための機能。[スキントーンバランス]は、肌の色をきれいに仕上げる機能です。

❼ [ホワイトバランス]はスポイトを白やグレーの部分でクリックして調整します

❽ [スキントーンバランス]は、肌の上でスポイトをクリックしましょう

▼ 色調整による補正

1 色調整を表示する

今度は色合いや明るさをコントロールしてみます。クリップを選んで色調整の項目を表示します。

❶ クリップを選択して、

❷ [色調整]のボタンをクリックします

2 明るさとコントラストの調整

明るさのスライダは中央を動かすと明るさが、両脇のポイントを動かすとコントラストが調整できます。

❸ ここで全体の明るさを調節します

❹ この2カ所をドラッグするとコントラストが変わります

3 サチュレーションの設定

中央のスライダでは色の鮮やかさを調節します。右にドラッグすると鮮やかに、左にドラッグすると彩度が落ちます。

❺ ここをドラッグして鮮やかさを調節します

4 色温度の設定

色温度は高くなると青く、低くなると黄色味が強くなります。蛍光灯と白熱灯の色の違いと同じです。

❻ 色温度をドラッグして調節して、

❼ 色調の補正が終わりました

5 大きく色を変えたいときは

さらにダイナミックに色に変化をつけたい場合は、クリップにフィルタを適用します。フィルタの種類についてはP.64を参照ください。

❽ ここをクリックすれば、

❾ フィルタを選ぶことができます

Chapter 3 オリジナルムービーの編集と便利な機能

Chapter 3 ［フェード］徐々に色が消える効果を付けてみよう

映像が徐々にモノクロになったり、セピアカラーに変わっていく効果を「フェード」と言います。情感を表すのによく使われるテクニックです。

▼ フェードの設定

1 クリップを選んで適用

徐々に色が変化する効果を加えます。変化させたい位置に再生ヘッドを合わせて［フェード］を適用してみましょう。まずは［白黒］を選びます。

❶ クリップを選して再生ヘッドの位置を調節します

❷ ［変更］メニューから［フェード］→［白黒］を選択します

CHECK! この機能は静止画には適用できません

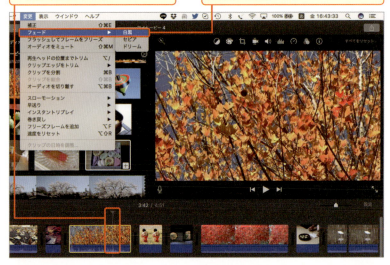

2 フェードが設定できた

再生ヘッドの位置でクリップが分割され、後半は白黒画像になりました。クリップの間にトランジションが設定され、徐々に色が変わるようになっています。

❸ クリップが分かれました

❹ 間のトランジションで徐々に色が変わります

098

3 フェードの効果を確認する

後半のクリップは完全に白黒の映像に変わっています。

❺ こちらのクリップを見ると、　　❻ 白黒の映像に変わっています

4 [セピア]を選択

先ほどの手順と同様に[セピア]を選びました。映像全体がセピアカラーに変化していきます。

❼ [セピア]を選ぶとこのようになります

5 [ドリーム]を選択

[ドリーム]は、色が褪せて光が滲んだような加工がされます。

❽ [ドリーム]を選択するとこのようになります

Chapter 3 ［トランジション］
トランジションを設定しよう

クリップとクリップの間に場面転換の効果を加えるのが「トランジション」の機能です。iMovieには20種以上のトランジションが用意されています。

▼ トランジションの適用

1 トランジションを表示する

クリップとクリップの間にトランジションを入れます。まずはトランジションを表示しましょう。

❶ ここをクリックして表示します

❷ マウスポインタを合わせるとプレビューが表示されます

2 クリップの間にドラッグ

使うトランジションが決まったら、クリップとクリップの間にドラッグ＆ドロップします。

❸ 使いたいトランジションをドラッグして、

❹ クリップの間にドロップします

ポイント
先頭クリップと末尾クリップ
トランジションは、ムービーの先頭のクリップの前や、末尾のクリップの後ろにも設定することが可能です。

3 トランジションが追加された

これで設定が完了です。プレビューを見ると、トランジション（クロスディゾルブ）の効果で映像同士が重なって表示されています。

❺ トランジションが入りました

❻ プレビューで確認します

▼ トランジションの時間の変更

1 トランジションをダブルクリック

トランジションの継続時間は変更することができます。表示部分をダブルクリックしましょう。

ポイント
入力可能な数値
最低0.2秒から、クリップの長さを超えない分までの時間設定が可能ですが、長すぎると効果が間延びするので、長くても2,3秒がよいでしょう。

❶ トランジションをダブルクリックして、

❷ ここで時間を入力します

2 継続時間が長くなった

トランジションの継続時間が長くなりました。表示はマウスポインタを合わせて表示されるチップで確認することができます。

ポイント
初期設定の継続時間
［iMovie］メニュー→［環境設定］で、初期設定のトランジションの長さを変更することができます。

❸ 継続時間が長くなりました

101

▼ トランジションの置き換え

1 トランジションをドラッグ

トランジションは何度でもやり直すことができます。効果が気に入らなければ、別のトランジションを適用し直しましょう。

❶ 別のトランジションをドラッグして、

❷ 元のトランジションに重ねます

2 トランジションが置き換わった

新たに選んだトランジションが適用されました。プレビューで確認しましょう。

❸ トランジションが置き換わったことがわかります

▼ トランジションの削除

1 トランジションを選択

不要になったトランジションは削除します。トランジションの置き換えや削除で、ムービー全体の長さが変わることはありません。

❶ 不要になったトランジションをクリックして選択します

102

2 トランジションが削除された

通常のクリップと同様、トランジションも delete キーで削除することができます。

❷ delete キーを押して削除しました

CHECK!
トランジションを削除してもクリップの長さは変わらない

▼ トランジションの種類

iMovieのトランジションは、全部で24種あります。自然な転換をさせたい場合は、[クロスディゾルブ][クロスブラー][黒にフェード][白にフェード]のいずれかを選ぶとよいでしょう。[キューブ][モザイク][ページめくり]などは、CGらしい強い印象のトランジションです。

全部で24種類のトランジションが選べます。[テーマ]を選んでいる場合は、そのテーマのトランジションも表示されます。[テーマ]についてはP.46参照

Chapter 3 ［詳細編集］トランジションの重なり方を調整しよう

詳細編集モードを利用すると、トランジションやクリップ同士の重なり方を細かく調整することができます。微妙なコントロールが必要なムービーで活躍する機能でしょう。

▼ 詳細編集モードでのトランジションの調整

1 詳細編集を表示

クリップとクリップの重なり方をより詳しく見て、編集するのが詳細編集モードです。

❶ クリップの端部分をダブルクリックします

❷ あるいは［ウインドウ］メニュー→［詳細編集を表示］を選択

⌘ ショートカット

command ⌘ ＋ ／ ……… 詳細編集を表示

2 詳細編集モードが開いた

詳細編集モードでは、ムービーの重なりを上下2つのトラックで表示します。上が先行クリップ（優先）で、下が次に表示されるクリップです。

❸ こちらが先行クリップ

❹ 下が次のクリップです

❺ 中央のバーがトランジションを表しています

3 トランジションの位置を調整

中央のバーをドラッグして、トランジションの適用範囲を動かしてみます。上下のクリップが表示されるので、どこで切り替わるか見やすくなっています。

❻ バーの中心をドラッグしてトランジションの位置を調整します

4 トランジションの長さを調整

トランジションの長さは、バーの左右にある矢印をドラッグして調節します。

❼ ドラッグしてトランジションの長さを調節

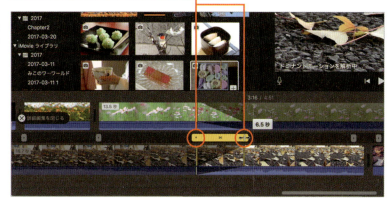

5 クリップ自体を動かす

詳細編集モードでは、トランジションだけでなくクリップの長さや位置の調節も可能です。編集が終わったら[詳細編集を閉じる]をクリックし、元のタイムラインに戻ります。

❽ クリップの位置もドラッグで調整可能です

❾ 編集ポイントを移動したい場合はここをクリック

❿ よければここをクリックして終わります

ポイント オーディオの編集

詳細編集ではビデオの音量や、フェードイン・フェードアウトのタイミングの調整もできます。

Chapter 3 詳細編集

Chapter 3

［ビデオオーバーレイ設定］
ビデオに別のビデオを重ねてみよう

TVのバラエティ番組などでよく見るワイプ（別映像の小窓）や、二画面分割映像を実現するのがビデオオーバーレイ（ビデオを重ねる）機能です。

▼ カットアウェイの設定

1 ビデオクリップを重ねて配置

タイムラインのビデオクリップの上に、さらに別のビデオクリップを重ねて配置し、ビデオオーバーレイを作ります。

❶ 重ねるビデオは短めのものが向いています

❷ タイムラインのビデオクリップの上にドラッグします

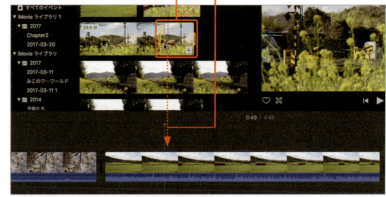

2 ビデオオーバーレイができた

クリップが重なって配置できました。この状態で再生すると「カットアウェイ」と呼ばれる編集になっています。

❸ クリップが重なって配置されました

ビデオA→ビデオB→ビデオAという状態。これをカットアウェイと呼びます

3 不透明度の調節

重ねたビデオの不透明を下げてみましょう。下のビデオが透けて、両方のビデオが同時に再生されているのがわかります。

❹ ここで不透明度を下げます

❺ 下のビデオが透けて両方の動きが見えます

4 フェードの設定

今度はフェードで上のビデオが徐々に現れ消えていく効果を追加します。スライダをドラッグするとフェード効果の時間が調節できます。

❻ [フェード]のスライダをドラッグします

❼ 徐々に上の映像が現れて消えます

5 タイムラインでの調整

フェードの適用時間は、タイムラインの上のビデオクリップに表示されるマーカーをドラッグしても調整することができます。

❽ ここをドラッグしてフェードの時間を調節できます

✓ CHECK!
重ねられるビデオは1つだけ

Chapter 3　ビデオオーバーレイ設定

スプリットスクリーンの設定

1 スプリットスクリーンを選択

ビデオオーバーレイの重ね方を変えてみましょう。オプションから[スプリットスクリーン]を選択します。

CHECK! オプションはオーバーレイのクリップの選択時のみ表示される

❶ ここで[スプリットスクリーン]を選びます
❷ 画面が2分割されます

2 スプリットスクリーンにできた

画面の分け方は上下左右から選べます。ここでは[上]を選択してみましょう。

❸ ここで[上]を選びます
❹ 上にオーバーレイのビデオ、下に元のクリップが再生されます

ビデオA→Aの上にB→ビデオA。これがスプリットスクリーンです

3 スライドを設定

[スライド]の時間を設定すると、オーバーレイのビデオが画面の端からスライドして分割位置まで動きます。

❺ ここをドラッグするとオーバーレイビデオがスライドして現れます

▼ ピクチャ・イン・ピクチャの設定

1 [ピクチャ・イン・ピクチャ]を選択

❶ ここで[ピクチャ・イン・ピクチャ]を選択します

❷ 画面の中に小窓でオーバーレイのビデオが出ます

今度はビデオの中に小窓で別のビデオが流れる「ピクチャ・イン・ピクチャ」を設定してみます。

ビデオの中に別のビデオの映像が流れるのが「ピクチャ・イン・ピクチャ」です

2 小窓の位置とサイズ調整

❸ ドラッグして位置やサイズを調節します

❹ ここで枠に線と色が設定できます

表示されている枠をドラッグしてサイズや位置を変更することができます。またこの枠には線や色の設定も可能です。

3 効果を設定

❺ ここで窓の現れ方を選択します

❻ 設定をやり直したい場合はここをクリックします

小窓の現れ方をオプションで選択します。[拡大・縮小]は、小窓が徐々に大きくなって現れます。ビデオオーバーレイの設定は[リセット]でやり直すことができます。

Chapter 3 [タイトル]
ムービーにタイトルを入れよう

オープニングタイトルやエンディングロール、テロップなどムービーにはさまざまなテキスト要素が欠かせません。ここではそのテキストを入れる方法を見てみましょう。

Chapter 3 オリジナルムービーの編集と便利な機能

▼ 映像にテキストを重ねたタイトル

1 タイトルを選ぶ

オープニングタイトルを入れてみましょう。桜のビデオクリップにタイトルを入れます。

❶ [タイトル]をクリックします　　❷ リストから使いたいタイトルを選びます

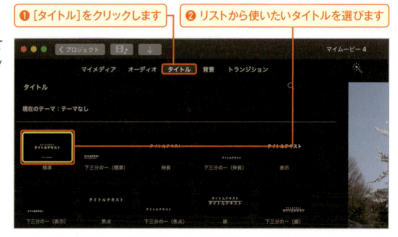

2 タイトルが入った

タイトルをビデオクリップの上にドラッグ＆ドロップすると映像に文字が重なります。

❸ ここにドラッグ＆ドロップします　　❹ タイトルが入りました

110

3 テキストを入力

タイトルの文字部分をドラッグして選択し、テキストを入力します。

❺ ドラッグして文字を入力します

ポイント
大文字のみのタイトル
タイトルの種類によっては、欧文の小文字がなく大文字しか入らないものがあります。

▼ テキストの設定

1 フォントの選択

フォントやサイズ、文字色などを変更することができます。テキストをドラッグして選択し、まずはフォントを選択します。

❶ 変更したいテキストを選択し、

❷ ここで[フォント]をクリックしてリストを表示します

❸ 使いたいフォントを選びます

2 サイズの設定

テキストのサイズはリストから選ぶか、サイズの数値を入力しても設定できます。

❹ このリストからサイズを選ぶか、数値入力します

CHECK!
プレビューと実際のサイズにズレがあるので再生して確認

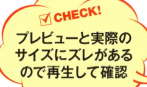

111

3 カラーを選択

カラーボタンをクリックすると、パレットが表示されて色が選べるようになります。

❺ ここをクリックして、
❻ 色を選びます

4 タイトルの長さを設定

タイムラインのタイトル表示をドラッグして、タイトルを表示する時間を調整して完了です。

❼ ドラッグしてタイトルの長さを調節します

▼ 黒背景のタイトルの追加

1 クリップの位置にドラッグ

映像に重ねるのではなく黒い背景をそのまま生かしたい場合は、クリップの間にタイトルをドラッグします。

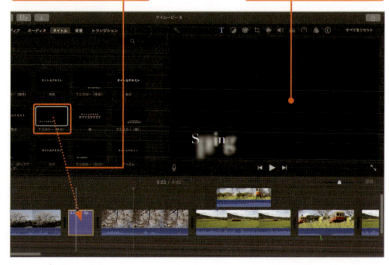

❶ タイトルをクリップの間にドラッグします
❷ 黒い背景のタイトルができます

タイトルの種類

iMovieには48種類のタイトルが用意されています。オープニング向きのものやテロップ向き、エンディング向きがありますので、それぞれ用途に合わせて選ぶようにしましょう。また背景や映像効果がついたタイトルもあります。

> ☑ CHECK!
> サムネールで
> タイトルの動きも
> チェックしておこう

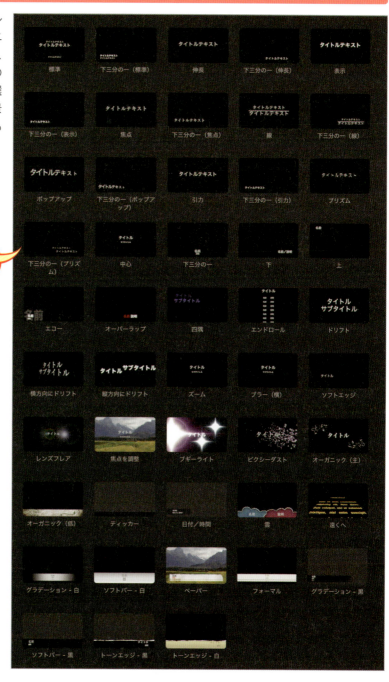

Chapter 3 [背景] 背景付きのタイトルを入れよう

iMovieには動きのあるものからただの色だけのものまで、全部で20種類の背景が用意されています。ここでは背景を使ったタイトルの入れ方を見てみましょう。

▼ **背景付きタイトル**

1 背景を配置する

ムービーの中に背景付きタイトルを入れます。まずはベースの背景を選択し、タイムラインに並べましょう。ここではシンプルな無地色の背景を選びました。

❶ [背景]をクリックします

❷ リストから使いたい背景を選んでタイムラインにドラッグします

2 タイトルの配置

続いてタイトルを背景のクリップに配置します。ビデオに重ねるタイトルよりも、背景を使用した方が文字がはっきりと読みやすくなります。

❸ [タイトル]をクリックして、

❹ 背景にドラッグ&ドロップします

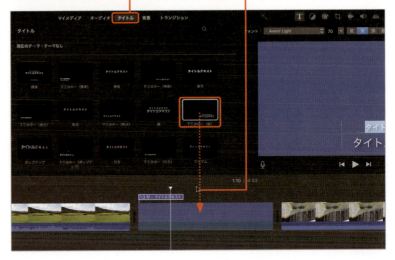

3 テキストを入力

タイトルの文字部分をドラッグして選択し、テキストを入力します。

❺ ドラッグして文字を入力します

4 トランジションを設定

背景をムービーの流れになじませるために、前後にトランジションを入れます。

❻ [トランジション] を表示して、
❼ 背景の前に [白にフェード] を、

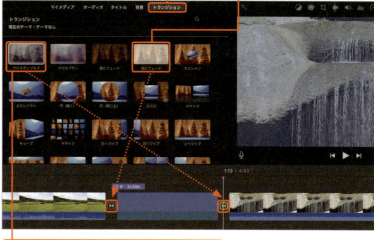

❽ 後ろに [クロスディゾルブ] を配置しました

CHECK!
映像に重ねるよりも文字が読みやすくなる

5 継続時間の設定

最後に時間調整をして完成です。ここでは背景からはみ出して、映像部分にもタイトルがかかるようにしました。

❾ ドラッグして継続時間を調節します

背景が消えてもタイトルだけはしばらく残るよう調整しました

▼ 旅行の記録として地図を活用

1 地図を選択

[背景]にある地図は、世界を旅した経路を表示することのできる楽しい機能を持っています。使い方を見てみましょう。

❶ 使う地図を選んで、

❷ タイムラインにドラッグ&ドロップします

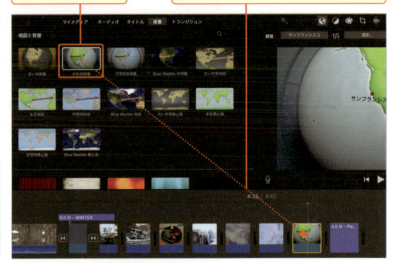

ポイント — 経路のない地図
サムネールに赤い線がない地図は、背景として使用する動きのない地図です。

2 場所を設定

オプションで地図の場所を選びます。検索機能を使うと便利でしょう。地名の表記を変更することもできます。

❸ クリックして場所を選びます

❹ ここで検索・絞込みができます

❺ 表記名を変更することもできます

3 地図が動いて経路を表示

場所の設定ができたら再生してみましょう。出発地から到着地へのアニメーションができています。

❻ 地球儀が回転して経路をアニメーション表示します

4 スタイルの設定

最後にスタイルを設定します。地図の種類や都市名の表示、地図の拡大の有無が設定できます。

❼ ここでスタイルの設定をして完成です

▼ 背景の種類

iMovieには20種類の背景が用意されています。上の方にあるのは動きのあるもの、続いて柄や布などのテクスチャのある背景、下の方は無地のものです。背景のクリップも［カラーバランス］や［色補正］の機能で色を調節できます。

Chapter 3 オリジナルムービーの編集と便利な機能

Chapter 3 ［サウンドクリップ］ムービーの長さに合わせてBGMを入れよう

ムービーの編集作業には「音」の要素も欠かせません。ここではムービーの流れに沿ってBGMを組み合わせ、タイミングを合わせて配置する方法を見て行きます。

▼ BGMの配置

1 サウンドエフェクトを配置

ここではBGMにiMovie付属のサウンドエフェクトを使用します。四季のムービーなので、季節に合わせて4曲を組み合わせましょう。

ポイント ジングル
サウンドエフェクトのジャンルで「ジングル」となっているものがBGMに適しています。ジャンルでソートすると探しやすいでしょう。

❶ ［オーディオ］を選び、　　❷ ［サウンドエフェクト］をクリックします

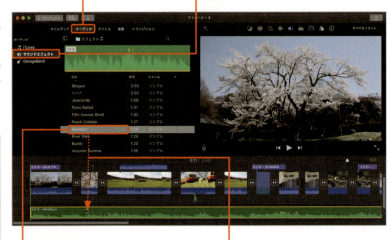

❸ 音楽を選んで、　　❹ タイムラインにドラッグ＆ドロップします

2 次の曲を配置する

ムービーの季節の変わり目で次の音楽に切り替えます。別のサウンドクリップを配置しましょう。

❺ 次のサウンドクリップを選び、　　❻ 季節が変わる部分にドラッグします

CHECK!
ビデオクリップに表示されるガイドラインに合わせよう

118

3 フェードアウトの設定

サウンドクリップが重なった部分は自動的にカットされ、新しいクリップが配置されます。先行するクリップの末尾を左にドラッグしてフェードアウトの設定をしましょう。

❼ 左にドラッグしてフェードアウトを設定します

4 音量のコントロール

サウンドクリップの中にあるラインを上下にドラッグすると、BGMの音量をコントロールできます。

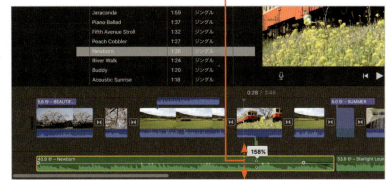

❽ 上下にドラッグして音量を調節します

5 ビデオの音量を下げる

ビデオの音声とBGMとが重なってうるさいと感じる場合は、[ボリューム]から[ほかのクリップの音量を下げる]にチェックを付けます。

❾ ここをクリックしてオプションを表示し、

❿ ここにチェックを付けます

Chapter 3 オリジナルムービーの編集と便利な機能

Chapter 3 ［ボリューム］ビデオの音量を調節しよう

ムービーには、元のビデオに含まれる音声とBGMや効果音が重なり合います。うるさい部分は音量を下げたり、音を消すなどの整理をしておきましょう。

▼ ビデオの音量をミュート

1 ボリュームを表示

ビデオの音がうるさい場合は、音量を調節します。

❶ クリップを選択して、　❷［ボリューム］を表示します

2 ミュートの設定

音量の調節には、スライダをドラッグするかミュートを選びます。

❸ ここをドラッグして音量を下げるか、　❹ ここをクリックしてミュート（消音）します

▼ ビデオの音を分離する

1 詳細編集を表示

ビデオの音声だけを伸ばして、他のクリップの部分に重ねます。編集したい場所のクリップの端をダブルクリックします。

❶ ここをダブルクリックします

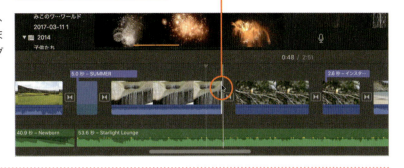

2 詳細編集モードになった

画面が切り替わり、クリップの重なり方を詳細に編集できるようになりました。このモードでは、ビデオの音声だけを伸ばしたり縮めたりすることができます。

❷ 詳細編集モードです

❸ こちらが映像のクリップで、

❹ こちらが音声のクリップ。個別に編集できます

3 音声だけを伸ばす

音声部分をドラッグして、次のクリップまで伸ばします。これで滝の音が次の鳥の映像まで流れるようになりました。

❺ ドラッグして継続時間を伸ばします

❻ よければここをクリックして元に戻ります

Chapter 3 ボリューム

4 オーディオを切り離す

ビデオの音声だけを別のクリップに分割することもできます。次のクリップだけでなく離れた場所のクリップにも音声だけを乗せることができます。

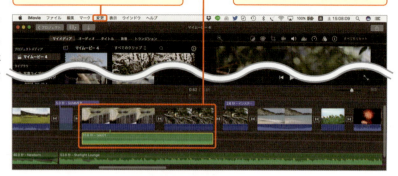

❼ [変更]メニューから[オーディオを切り離す]を選択します

❽ このように映像と音声が別々のクリップに分かれます

▼ ほかのクリップの音量を下げる

1 ボリュームを表示

海の映像で波の音を際立たせたいといった場合には、BGMの音量を部分的に下げます。この調節も[ボリューム]から行います。

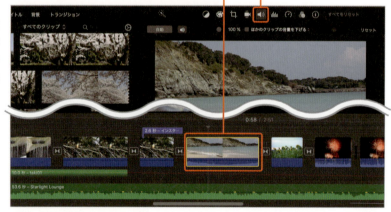

❶ 音を生かしたい方のクリップを選び、

❷ [ボリューム]を表示します

2 ほかのクリップの音量を下げる

[ほかのクリップの音量を下げる]にチェックを付けると、このクリップの再生部分のみBGMの音量が下がります。

❸ ここにチェックを付けます

❹ BGMの音量がここだけ下がったのがわかります

ビデオのノイズを軽減する

1 イコライザを表示

ノイズがひどいビデオの場合は、自動軽減の機能を使用します。[イコライザ]を表示しましょう。

❶ ノイズ除去したいクリップを選び、
❷ [イコライザ]を表示します

2 背景ノイズを軽減

風切り音が大きいビデオですが、できれば電車の音は残したいと思います。[背景ノイズを軽減]にチェックを付けます。

❸ ここにチェックを付けます
❹ ビデオの音質が解析され、自動的にノイズが軽減されます

ポイント
ノイズ除去の適用度
この機能を使えばどんなノイズでも取れるというわけではありません。また音質が多少変化しますので、適用度のスライダで最適な位置を探してください。

3 イコライザの設定

自動でうまく取り除けない場合や、音質を変化させたい場合はイコライザを選択します。

❺ ここからイコライザのプリセットが選択できます

Chapter 3 ｜ オリジナルムービーの編集と便利な機能

[録音]
Chapter 3 ナレーションを追加しよう

映像や音楽だけでなく、ナレーションによって人の声を加えることで、ムービーの表現力は広がります。実況動画やドキュメンタリーなどには欠かせない機能です。

▼ マイクの選択と録音の準備

1 コントロールを表示

ナレーションを録音するための準備をします。録音のコントロールを表示し、マイクを選択します。Macに内蔵のマイクや、外付けのマイクを使うこともできます。

❶ ここをクリックしてコントロールを表示し、

❷ ここをクリックして、

❸ 入力ソース（マイク）を選択します

ポイント
アフレコ
afterとrecordingの単語を組み合わせた和製英語です。映像ができた後に音を入れる作業を指します。

2 ナレーションの位置設定

タイムラインでナレーションを入れたい位置をクリックして、再生ヘッドの位置を合わせます。準備ができたら録音を開始します。

❹ ナレーションを入れたい位置を設定し、

❺ よければ録音ボタンをクリックします

▼ ナレーションの録音

1 カウントダウン

録音ボタンをクリックすると、再生ヘッドが動き出して指定した位置の3秒前からカウントが表示されます。

❶ カウントダウンが始まるので準備します

2 録音の開始

カウントが終わると録音が始まります。再生ヘッドが動き、録音状況が表示されます。

❷ 録音が始まるのでナレーションを入れます

✓ CHECK!
内蔵マイクの音量は小さめなので大きな声で！

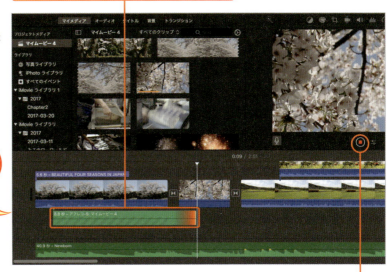

❸ しゃべりおわったらここをクリックします

3 録音ができた

録音を終了するとクリップが作成されます。これでナレーションができました。気に入らない場合はクリップを消して、最初からやり直しましょう。

❹ ナレーションのクリップができました

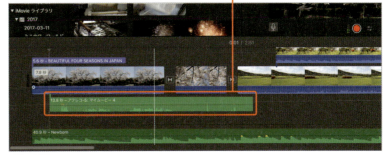

ナレーションクリップの加工

1 音量の調節

ナレーションの音量は他の音声データとレベルが合わない場合が多いので、再生しながら音量を決めます。

❶ 上下にドラッグして音量を調節します

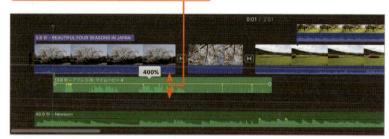

2 オーディオエフェクトを表示

ナレーションのクリップは他のクリップ同様、継続時間の調整や編集が可能です。また、ナレーションの音声を加工したい場合は、オーディオエフェクトを表示します。

❷ ドラッグして配置や時間を調節できます

❸ ここをクリックしてオーディオエフェクトを表示し、

❹ ここをクリックします

3 エフェクトを選択

オーディオエフェクトの種類が表示されます。マウスポインタを合わせると、プレビュー再生されますので、適用したいものを選んでクリックしましょう。

❺ エフェクトを選択します

Chapter 4
ムービーをみんなで共有

128	ムービーをiOSデバイスで共有しよう
132	ムービーをメールで送ろう
134	YouTubeでムービーを公開しよう
136	Facebookでムービーを公開しよう
138	iTunesでムービーを楽しもう
140	Vimeoでムービーを公開しよう
142	ムービーファイルを書き出そう

Chapter 4
[Theater] ムービーをiOSデバイスで共有しよう

できあがったムービーは手軽に共有して楽しみましょう。iMovieには多くの共有方法が用意されていますが、まずはiCloudを使ったTheater（シアター）での共有を見てみます。

▼ TheaterによるiOSデバイス（iOS搭載機器）との共有

MacやiPhone、iPad、AppleTVなどの製品を作っているアップル社は、それぞれのデバイス（機器）でデータを共有するための仕組みとして「iCloud（アイクラウド）」を用意しています。iCloudではインターネット上に各ユーザごとのスペースを作り、セキュリティを保った状態でデータを保管しています。「Theater（シアター）」は、iCloudを使ったムービーの共有方法のひとつです。

iCloud
Apple IDでユーザごとのデータ管理を行います。ムービーだけでなく、写真やファイルの共有もできるようになっています。5GBまで無料で利用できます。

Theater
iMovieで作成したムービーをiOSデバイスで見るための仕組み。Theaterに書き出すと、各iOSデバイスに最適なデータ形式・サイズで自動的に保存されます。

iOSデバイス（iOS搭載機器）
iPhoneやiPadではiOS用のiMovie（Chapter 5参照）からTheaterにアクセスできます。AppleTVはホーム画面からiMovie Theaterを選んで視聴することが可能です。

MacのTheaterとiPhoneのTheater。自動的に同期され、常に最新状態を保ちます。

Theaterで共有するための準備

1 iCloudにサインイン

Macの[システム環境設定]で、[iCloud]を選択します。アカウントが表示されていることを確認してください。表示されていなければサインインします。

❶ ここに自分のアカウントが表示されていることを確認します

✓CHECK!
ここから
サインインできる!

2 iMovie環境設定

今度はiMovieの[iMovie]メニューから[環境設定]を選択して、Theaterの設定を確認します。

❷ [コンテンツをiCloudに自動的にアップロード]にチェックが付いていることを確認します

プロジェクトをTheaterで共有

1 Theaterを選択

ムービーをTheaterで共有しましょう。ムービーのプロジェクトを開いて、[共有]ボタンをクリックします。

❶ プロジェクトが開いている状態です

❷ ここをクリックして、

❸ [Theater]を選択します

129

2 書き出しが始まる

Macでの再生用（1080p HD）、iOSデバイス再生用（720p HD）、ストリーミング用（480p SD）の3バージョンのムービーが自動的に作成されます。

❹ [Theater]の画面です

❺ 書き出し中はこのように表示されます

3 Theaterの共有が完了

書き出しが終わると、Theaterでの共有も完了です。他のデバイスからでもアクセスできるようになりました。

❻ 書き出しが終わって、Theaterの共有が完了しました

▼ Theater画面での再生

1 再生ボタンをクリック

iMovieのTheaterの画面では、ムービーの再生や名前の変更、削除などの操作ができます。まずは再生ボタンをクリックしてみましょう。

❶ マウスポインタを合わせると表示されるのでクリックします

2 再生できた

全画面でムービーの再生が始まります。ムービーはループ再生されていますので、よければ終了します。

② ムービーが再生されました

CHECK!
各デバイスに最適化されたムービーが作られる

③ マウスポインタを動かすとコントロールが表示されます

④ よければ[esc]キーを押して終了します

▼ Theaterからムービーを削除

1 削除を選択

iCloudの容量が足りなくなったり、不要になったムービーは削除します。メニューを表示して[削除]を選択しましょう。

① ここをクリックしてメニューを表示します

② [削除]を選択します

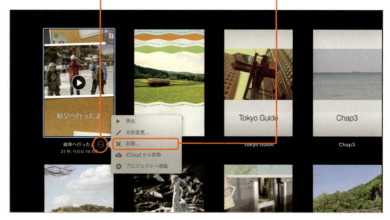

⌘ ショートカット

[delete] ……… ムービーの削除

2 すべての場所で削除

アラートが表示されます。ここで削除しても、iMovieのプロジェクトはなくなりませんので安心してください。

③ iCloudのデータだけが削除されます

④ 他のデバイスからも削除されます

Chapter 4 ムービーをみんなで共有

Chapter 4 ［共有（メール）］
ムービーをメールで送ろう

iMovieの共有機能は、メールで送信できる小さなサイズの書き出しにも対応しています。ファイルサイズに注意して共有してみましょう。

▼ メールでムービーを送信する

1 メールを選択

ムービーをメールに添付して送信してみます。［共有］ボタンから［メール］を選択しましょう。

❶［共有］ボタンをクリックします

❷［メール］を選択します

ポイント
［共有］ボタン
ここではTheaterの画面から共有しましたが、プロジェクト画面からでも選択することができます。

2 情報を入力

ムービーの情報を入力し、解像度（ムービーの大きさ）を選びます。このムービーの場合、［小（428×240）］で、約673KBになります。

❸ 情報を入力します

❹ ここで解像度を選びます

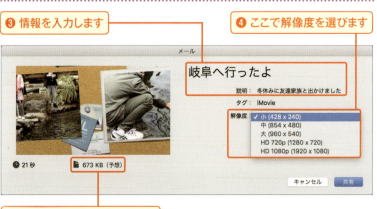

❺ 予測されるファイルサイズがここに表示されます

3 解像度を選択

[中(854×480)]を選ぶと1.35MBの予想になりました。メールで送受信する際のファイルサイズは、あまり大きくならないよう気をつけます。

❻ ファイルサイズを確認します

❼ よければ[共有]をクリックします

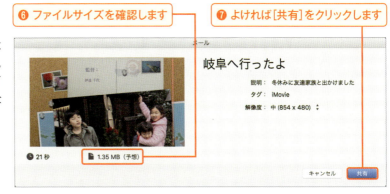

4 メール送信の準備

デフォルトで設定されているメールクライアントが起動し、ムービーが添付ファイルとして設定されています。送り先などを記入して送信しましょう。

❽ しばらく待つと、添付ファイル付きのメールが作成されます

5 メールが送信できた

受信したメールはこのようになります（macOS標準の「メール」の場合）。

❾ ムービーを添付したメールが送れました

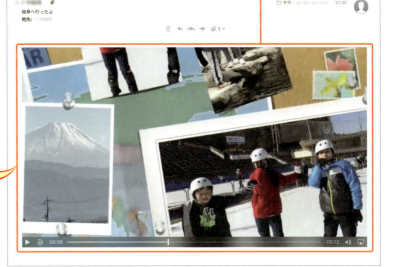

☑ CHECK!
メールに添付できるファイルサイズは1〜2MBが目安

Chapter 4 共有（メール）

Chapter 4 ムービーをみんなで共有

［共有（YouTube）］
YouTubeでムービーを公開しよう

Googleが運営する世界最大の動画投稿サイト「YouTube」にも、オリジナルムービーをアップロードすることができます。ただし公開にあたっては、著作権や肖像権に注意してください。

▼ YouTubeにムービーをアップロードする

1 YouTubeを選択

ムービーをYouTubeにアップしてみます。［共有］ボタンから［YouTube］を選択しましょう。

❶［共有］ボタンをクリックします

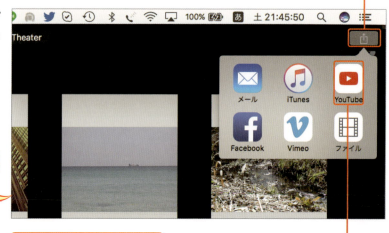

❷［YouTube］を選択します

CHECK!
映像だけでなくBGMの著作権にも注意

2 サイズを設定

ムービーの情報を入力し、解像度（ムービーの大きさ）を選びます。YouTubeにアップロードできるのは、最長15分でデータサイズ128GBまでです。

❸ 情報を入力します　　❹ ここで解像度を選びます

❺ 公開範囲を選び、　　❻ よければ［次へ］をクリックします

ポイント
Googleアカウント
YouTubeにムービーをアップロードするには、Googleアカウント（無料で作成可能）でサインインしておくことが必要です。

3 利用規約を確認

YouTubeにアップロードできるのは、著作権や肖像権に問題のないムービーだけです。

❼ 規約を読んでよければ[公開]をクリックします

4 共有できた

しばらく待つと書き出しが終わり、さらにYouTubeで共有できるまでには少し時間がかかります。登録したGoogleアカウントあてに公開通知が届くのを待ちましょう。

ポイント
公開範囲
アップロード後にも設定を変更することができますので、まずは自分だけで観られるよう設定しておくことをお勧めします。

❽ YouTubeで共有することができました

5 クリエイターツール

ムービーがアップロードできたかどうか調べたい場合は、YouTubeのWebサイトにアクセスし、自分のアカウントのクリエイターツールのページを確認します。

❾ [クリエイターツール]を選択します

❿ 共有したムービーを確認できます

Chapter 4 共有(YouTube)

Chapter 4

［共有（Facebook）］
Facebookでムービーを公開しよう

ユーザ数17億人を超える世界最大のSNS、Facebookへのムービー共有の方法を見てみましょう。ムービーの公開範囲は細かく設定することが可能です。

Chapter 4 ムービーをみんなで共有

▼ Facebookにアップロードする

1 Facebookを選択

ムービーをFacebookにアップしてみます。［共有］ボタンから［Facebook］を選択しましょう。

❶ ［共有］ボタンをクリックします

❷ ［Facebook］を選択します

CHECK!
プライベート用から全世界に向けた情報発信まで可能

2 サイズを設定

ムービーの情報を入力し、解像度（ムービーの大きさ）を選びます。Facebookにアップロードできるのは、最長120分でデータサイズ4GBまでです。

ポイント
Facebookアカウント
ムービーをアップロードするには、Facebookアカウント（無料で作成可能）でサインインしておくことが必要です。

❸ 情報を入力します
❹ ここで解像度を選びます

❺ 公開範囲を選び、
❻ よければ［次へ］をクリックします

136

③ 利用規約を確認

Facebookにアップロードできるのは、著作権や肖像権に問題のないムービーだけです。

❼ 規約を読んでよければ[公開]をクリックします

④ 共有できた

しばらく待つと通知が表示され、書き出しが終わります。さらにFacebookで共有できるまでには少し時間がかかります。

❽ 通知が出るので、[アクセス]をクリックします

ポイント 公開範囲

アップロード後にも設定を変更することができますので、まずは自分だけで観られるよう設定しておくことをお勧めします。

⑤ フィードで確認

公開範囲を自分だけにしたので、自分のフィードでムービーを確認します。

❾ Facebookで共有できました

❿ ここから公開範囲を変更することもできます

ポイント 動画の画質設定

Facebookの動画再生には解像度の制限がかかっています。あまりきれいに見えない場合は、[設定]→[動画]→[動画のデフォルト画質]を確認してください。

Chapter 4 共有(Facebook)

Chapter 4 ［共有（iTunes）］
iTunesでムービーを楽しもう

Macに付属しているiTunesは、音楽の管理や購入からiOSデバイスの管理までこなす多機能アプリケーションです。iTunesに共有することでムービーの活用範囲が広がります。

▼ iTunesでムービーを共有する

1 iTunesを選択

ムービーをiTunesに登録してみましょう。[共有]ボタンから[iTunes]を選択します。

❶ [共有]ボタンをクリックします

❷ [iTunes]を選択します

CHECK!
iPhoneにムービーを転送するのに最適な方法

2 サイズを設定

ムービーの情報を入力し、解像度（ムービーの大きさ）を選びます。iOSデバイス用なら[HD 720P（1280×720）]を選びます。

❸ 情報を入力します

❹ ここで解像度を選びます

❺ よければ[共有]をクリックします

ポイント
データ量に注意
iOSデバイスで持ち歩きたい場合には、デバイスのデータ容量にも注意して画質を選ぶようにしてください。

3 iTunesで確認

しばらく待つと書き出し終了の通知が出て、iTunesへの共有が完了します。iTunesを起動して確認しましょう。

❻ iTunesを起動して、
❼ ジャンルの[ムービー]を選択します
❽ [ホームビデオ]をクリックします
❾ 書き出されたムービーがあります

4 ムービーを再生

iTunesで再生して画質の確認をしましょう。

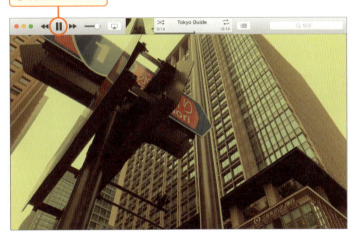

❿ 再生してみます

5 iPhoneへの転送

MacにiPhoneを接続すれば、iTunesからムービーを転送することができます。[ムービー]のリストから書き出したムービーを選択してください。

⓫ 書き出したムービーを選択して同期します

Chapter 4

［共有（Vimeo）］
Vimeoでムービーを公開しよう

高画質でアート性の高い作品が多いVimeo（ヴィメオ）。自分で制作したオリジナルムービーのみアップロードすることができます。Vimeoでムービーを共有してみましょう。

▼ Vimeoにムービーをアップロードする

1 Vimeoを選択

ムービーをVimeoで共有してみましょう。［共有］ボタンから［Vimeo］を選択します。

❶［共有］ボタンをクリックします

❷［Vimeo］を選択します

☑ CHECK!
自分で制作したオリジナルムービーのみアップロード可！

2 サイズを設定

ムービーの情報を入力し、解像度（ムービーの大きさ）を選びます。Vimeoではデフォルトで HD再生が可能なので、HDを選択しておくとよいでしょう。

❸ 情報を入力します

❹ ここで解像度を選びます

❺ 公開範囲を選び、

❻ よければ［次へ］をクリックします

ポイント
Vimeoアカウント
ムービーをアップロードするには、Vimeoアカウント（ベーシックメンバーは無料）でサインインしておくことが必要です。

3 利用規約を確認

Vimeoにアップロードできるのは、著作権や肖像権に問題のないムービーだけです。

❼ 規約を読んでよければ[公開]をクリックします

4 共有できた

❽ Vimeoのサイトにアクセスします

しばらく待つと通知が表示され、書き出しが終わります。VimeoのWebサイトにアクセスすると、ムービーの基本設定が開きます。設定ができたら保存して[動画へ移動]を選択しましょう。

❾ 基本設定がよければここをクリックします

5 ムービー再生を確認

❿ 高画質でムービーが再生できます

ムービーの右下にHDの表示があれば、HD画質での再生ができています。画質の良さと広告がないことがVimeoの最大の魅力でしょう。

ポイント
有料プラン

ベーシックプランは無料ですが、週に500MBまでの制限があります。多くの高画質ムービーを共有したい場合は、月々500円からの有料プランを検討しましょう。

Chapter 4 共有（Vimeo）

141

Chapter 4 ［共有（ファイル）］
ムービーファイルを書き出そう

iMovieのプロジェクトファイルは、iMovieでなければ読み込むことができません。他の人にムービーを渡したり、メディアに保存しておくためにはファイルを書き出す必要があります。

▼ 共有できるファイルを書き出す

1 ファイルを選択

ムービーをファイルとして書き出してみましょう。［共有］ボタンから［ファイル］を選択します。

CHECK!
保存・DVDの作成にはファイルの作成が必要

❶ ［共有］ボタンをクリックします

❷ ［ファイル］を選択します

2 サイズを設定

ムービーの情報を入力し、解像度（ムービーの大きさ）を選びます。用途にもよりますが、なるべく大きい解像度を選んでおくようにしましょう。

❸ 情報を入力します

❹ ここで解像度を選びます

❺ よければ［次へ］をクリックします

3 保存場所を決める

書き出したファイルを保存しておく場所を選びます。

❻ 保存場所を決めたら[保存]をクリックします

4 ファイルを保存できた

しばらく待つと通知が表示され、書き出しが終わります。表示してみましょう。

❼ [表示]をクリックします

5 ムービー再生を確認

Finderにファイルが表示されます。ファイル形式はMP4になっています。

❽ 再生して確認しましょう

ポイント
MP4
ビデオやオーディオに一般的に使用されている汎用フォーマットで、ほとんどのコンピュータやデジタルデバイスで再生できる形式です。

Chapter 4　共有（ファイル）

143

ポイント DVDを作成するには

先の手順で書き出したムービーファイルは、そのままDVDにコピーできます。この方法で作成したDVDは、コンピュータのみで再生することが可能です。家庭用のDVDプレイヤーでムービーを再生できるようにするには、DVD作成ソフトを別に用意する必要があります。
また、最新のMacにはDVDドライブが内蔵されていません。ドライブのない機種の場合は、外付けのDVDドライブを購入する必要があります。

Mac用のDVD作成ソフトとしてよく知られているのがRoxio Toastシリーズです。Toast DVDは、App Storeから購入できます（2,400円）。

Toast DVDは、iMovieから書き出したMP4形式のムービーファイルをドラッグ＆ドロップして、家庭用のDVDプレイヤーで再生できるDVDを作成できます。

Chapter
5

iPhone・iPadでもっと便利に!

146	iOS版のiMovieを使ってみよう
150	iPhoneでムービーを作ってみよう
154	ストーリーのあるムービーを作ろう
158	iPhoneのプロジェクトをMacで読み込む

Chapter 5 [iPhone用iMovie] iOS版のiMovieを使ってみよう

iMovieには、iPhoneやiPad用のアプリもあります。名前や目的はMac用のものと同じですが、タッチデバイス用に手軽でシンプルな操作が可能になっています。

▼ iPhone用iMovieの基本

1 iMovieの入手

iPhoneやiPadでビデオを撮影したり、編集、共有するためのアプリが、iPhone用iMovieです。App Storeから購入することができます。

❶ iPhone用iMovieは、App Storeより購入します。価格は600円（2017年4月現在）です。iPhoneによっては付属している場合があります

☑ CHECK!
iPad用iMovieも機能・操作は同じ

2 プロジェクト画面

iPhone用iMovieには、iPhoneで撮影したビデオの再生、編集、写真のスライドショー、面白ビデオの作成、公開といった機能があります。

❷ 画面のタップで操作しやすい設計になっています

ビデオライブラリの操作

1 ビデオを表示

iPhone用iMovieの操作画面は3つです。まずはiPhoneで撮影したビデオを見るための「ビデオ」画面です。

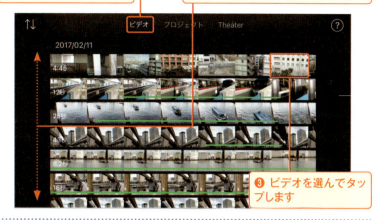

❶ [ビデオ]をタップします
❷ 上下にスワイプでスクロールします
❸ ビデオを選んでタップします

2 ビデオの再生

選んだビデオの再生画面になります。再生ボタンのタップで再生が始まります。

❹ タップすると再生されます
❺ タイムラインをスワイプすると好きな位置に飛ばせます
❻ 見終わったらタイムライン外をタップします

3 元のビデオ画面に戻る

元の画面に戻ります。矢印のマークをタップすると、表示するビデオの条件や並び順を変更できます。

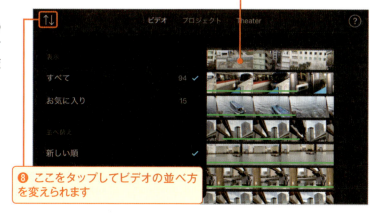

❼ 元の画面に戻ります
❽ ここをタップしてビデオの並べ方を変えられます

▼ お気に入りの設定

1 ビデオを表示

ビデオライブラリでお気に入りの設定をしておくと、あとでムービーを作成するのが簡単になります。

CHECK!
使う部分だけを
お気に入りにする

❶ 設定したいビデオをタップして開きます
❷ タイムラインの黄色い枠を移動させます

2 お気に入りを設定

お気に入りにしたい部分を黄色い枠で囲んだら、ハートマークをタップします。

❸ お気に入り部分を囲みました
❹ ここをタップします
❺ ここに緑のラインが表示されたら設定完了です

3 選択した範囲の共有

黄色い枠で囲むと、その部分だけを共有することができます。共有の手順についてはP.160を参照してください。

❻ ここをタップして、
❼ 表示されたメニューから共有します

▼ Theaterの基本操作

1 Theaterを表示

2つめの画面はTheaterです。Theaterの仕組みについてはP.128を参照してください。

❶ [Theater]をタップします

❷ 同じiCloudアカウントで管理されているムービーが表示されます

❸ タップしてみましょう

2 HDオンにする

選んだムービーの詳細が表示されます。HD（高画質）は、デフォルトでオフになっています。通信環境が良い場合は[HDオフ]をタップしてオンにします。

❹ Wi-Fiで通信できる場合は、ここをタップします

❺ より高画質で再生させることができます

❻ タップして再生してみましょう

3 高画質で再生できた

Mac用iMovieで作成したムービーを高画質で再生することができました。通信環境が良くない場合は、[HDオフ]で再生するとよいでしょう。

❼ 高画質でのムービー再生ができました

ポイント そのほかのTheater機能

ムービーの名称の変更や削除、共有などができます。Mac用iMovieのTheaterのページP.131を参照してください。

Chapter 5

［新規プロジェクト（ムービー）］

iPhoneでムービーを作ってみよう

iPhone用iMovieがあれば、手軽にiPhoneで撮影したビデオをムービーにすることができます。気軽に共有したり、Mac用iMovieに送るための仮編集としても使えます。

▼ ムービー作成の流れ

1 新規プロジェクトの作成

iPhone用iMovieのムービー制作手順を見てみましょう。まずは新しいプロジェクトを作ります。

❶ ［プロジェクト］をタップします

❷ 前に作ったプロジェクトを開く場合はこのリストから選びます

❸ 新たに作るのでここをタップします

2 メディアを選択

ここでは［ムービー］の機能を使って新しいプロジェクトを作ります。

❹ ［ムービー］を選択します

❺ ここでは［メディア］をクリックします

ポイント

モーメント

この手順で表示される［モーメント］のリストは、日付や場所で自動的に分類されたライブラリです。ここから素材となるビデオを選択しても構いません。

150

3 ムービー素材の選択

iPhoneで撮影したビデオは、様々な方法でアクセスできるようになっています。ここでは[ビデオ]画面でお気に入りに設定したビデオを選びます。

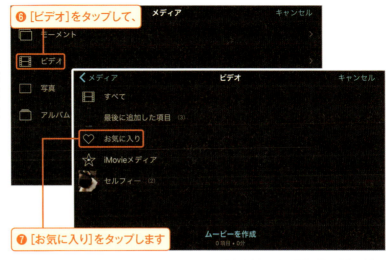

❻ [ビデオ]をタップして、

❼ [お気に入り]をタップします

4 ビデオの選択

お気に入りに登録したビデオが表示されるので、使いたいビデオをタップして[使用]のチェックを付けます。

✓ CHECK!
お気に入り設定は
P.148参照

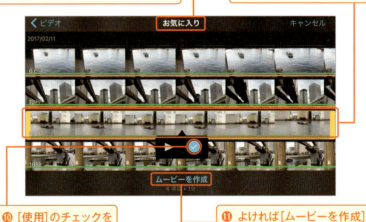

❽ お気に入りに登録したビデオです

❾ 使うビデオをタップして、

❿ [使用]のチェックを付けます

⓫ よければ[ムービーを作成]をタップします

5 ムービーが自動作成された

複数のビデオを選択した場合、自動的にビデオの間にトランジションが設定され、1本のムービーが作られます。

⓬ ムービーができました

⓭ ビデオクリップの間にはトランジションが設定されています

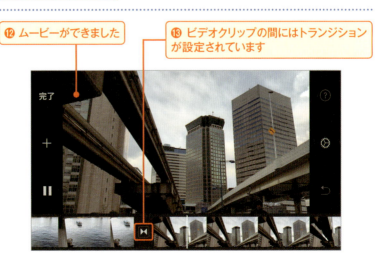

▼ ムービーの編集

1 トリム

できたムービーに編集を加えましょう。プロジェクト画面でタイムラインをタップすると、編集の各項目が表示されます。

ポイント
編集メニュー
左から[トリム][速度][音量][タイトル][フィルタ]です。各機能はMac用iMovieの簡易版です。

❶ タイムラインをタップします
❷ 編集メニューが表示されます
❸ ここを動かすとクリップをトリムできます
❹ ここをタップしてメディアを追加します

2 メディアの追加

ビデオや写真を追加したり、BGMや効果音を付けたい場合は[+]をクリックしてメディアを追加します。

❺ 追加したい項目をここから選びます
❻ BGMを付けたい場合はここから選択します

3 トランジションの編集

タイムラインのトランジションのマークをタップすると、種類や継続時間を変更できます。

❼ ここをタップして、
❽ トランジションの設定を変更します

CHECK!
トランジション「なし」も選べる

■ プロジェクト設定

1 プロジェクト設定を表示

プロジェクト全体に編集を加える場合は、プロジェクト設定を使います。

❶ 歯車のアイコンをタップします

2 設定を変更する

プロジェクト設定では、全体にフィルタをかけたりテーマを選択します。[テーマ曲]を選ぶと、選んでいるテーマのBGMを適用できます。

❷ [プロジェクトフィルタ]で全体にフィルタをかけます

❸ いずれかのテーマを選び、

❹ 選んだテーマの曲が付けられます

❺ よければ[完了]をタップします

■ 作業の取り消しと終了

1 取り消し／やり直し

iPhone用iMovieでは、作業をさかのぼって取り消せます。また編集が終了したら[完了]をタップすれば自動的にプロジェクトが保存されます。

❶ [取り消し]をタップすれば取り消されます

❷ 作業をさかのぼって取り消すと、[やり直す]が選択できるようになります

❸ タップして再生を確認し、

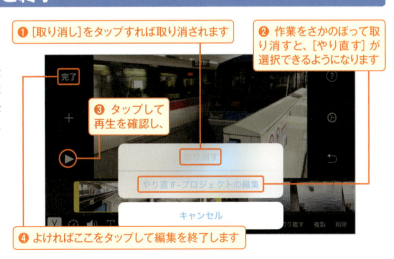

❹ よければここをタップして編集を終了します

Chapter 5

[新規プロジェクト(予告編)]

ストーリーのあるムービーを作ろう

「予告編」は、すでにあるストーリーに自分のビデオを当てはめて完成させるムービーです。インド映画風や、おとぎ話、ホラーなどバラエティに富んだテンプレートが用意されています。

▼ 予告編の作成

1 新規プロジェクトの作成

予告編機能を使ったムービー制作手順を見てみましょう。まずは新しいプロジェクトを作ります。

❶ [プロジェクト]をタップします

❷ ここをタップします

2 [予告編]を選択

ここでは[予告編]の機能を使って新しいプロジェクトを作ります。

❸ [予告編]を選択します

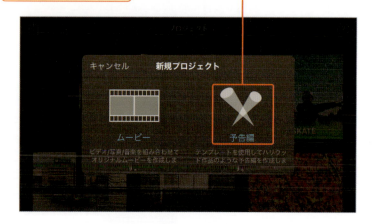

> **ポイント**
> **予告編の種類**
> Mac用iMovieにも「予告編」の機能が備わっています。Mac用の方がテンプレートの数も多く用意されています。

3 テンプレートを選択

予告編のテンプレートを選択する画面が表示されます。再生してどんなムービーができるか確認し、使うテンプレートを選択します。

❹ 左右にスワイプしてテンプレートを選び、

❺ ここをクリックして再生します

❻ よければ[作成]をクリックします

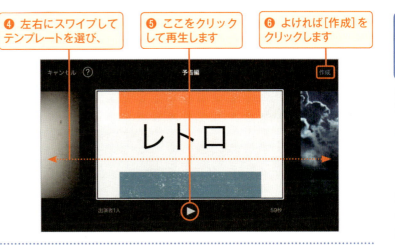

4 シナリオの入力

シナリオの入力画面になります。表示される内容に沿って、人の名前や設定をタップして入力しましょう。

❼ シナリオが表示されます

❽ タップして必要なテキストを入力します

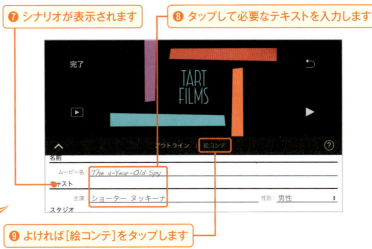

✓ CHECK!
下にスクロールして項目をチェック！

❾ よければ[絵コンテ]をタップします

絵コンテにビデオを配置

1 ビデオを入れる場所をタップ

[絵コンテ]を選択すると、ムービーに必要な素材ビデオの内容が表示されます。「ミディアム」には腰より上が写っている人物の映像が必要です。

❶ [絵コンテ]をタップするとこのような表示になります

❷ 表示されている映像の枠をタップしましょう

Chapter 5 新規プロジェクト（予告編）

155

2 ビデオの選び方を選択

枠に入れるビデオを探します。ここでは[お気に入り]をタップして、お気に入りに登録したビデオから選ぶことにします。

❸ [お気に入り]をタップします

❹ ここで[カメラ]を選択し、その都度必要な映像を撮りながら作る方法もあります

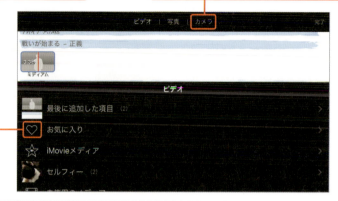

3 ビデオの配置

ビデオの上をタップすると、演出に必要なムービーの長さがわかる黄色い枠が表示されます。スワイプして一番適した場所を探し、配置しましょう。

❺ タップして枠を表示し、枠を動かして探します

❻ よければここをタップしてビデオを配置します

4 すべての絵コンテに配置

そのほかの絵コンテの映像部分も同様の手順で埋めていきます。

❼ ほかの部分も同様にビデオを配置します

❽ 配置が終わった枠をタップします

☑ CHECK!
上下にスクロールしてすべてのパートを確認

5 位置を調整

選択したビデオの編集ができます。表示される枠を動かして、ムービーの一番よい部分を探します。よければ編集を完了します。

❾ この枠を動かして一番よい部分を探します

❿ ここをタップすると元の絵コンテの画面に戻ります

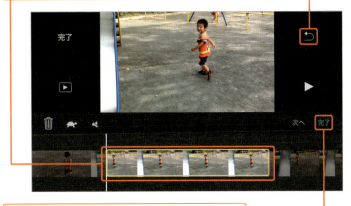

⓫ 編集がすべて終わったら[完了]をタップします

6 予告編のプロジェクトが完成

プロジェクトの選択画面に戻ります。再生したり、共有して楽しんでください。

⓬ タップして再生を確認しましょう

7 予告編を再生

今回は[レトロ]のテンプレートを使いました。登場人物は1人で、古いスパイ映画風の演出になっています。

⓭ 楽しい演出のムービーが完成しました

Chapter 5
［iMovie iOSプロジェクトを読み込む］
iPhoneのプロジェクトをMacで読み込む

iOSデバイスでのムービー編集では、あまり精密な作業はできません。iPhoneで手軽に作ったプロジェクトを、Mac用iMovieで開いて完成させてみましょう。

▼ iPhoneからの書き出し

1 iTunesに共有

作成したプロジェクトをMac用iMovieで開きます。まずはiPhone側でプロジェクトを選択して［共有］のアイコンをタップします。

❶ プロジェクトを選んで、

❷ 共有のアイコンをタップします

❸ ［iTunes］を選択します

2 iMovieプロジェクトを送信

どのように送信するかを選択します。［ビデオファイル］を選ぶと、ムービーのファイルとして転送されます。ここでは［iMovieプロジェクト］を選択します。

❹ ［iMovieプロジェクト］を選択します

▼ Macでプロジェクトファイルを読み込む

1 iPhoneを接続してiTunesを開く

iPhoneを付属のUSBケーブルでMacと接続します。その後iTunesを起動して、接続したiPhoneを選択しデータを転送します。

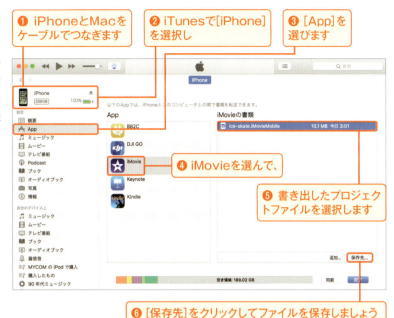

❶ iPhoneとMacをケーブルでつなぎます
❷ iTunesで[iPhone]を選択し
❸ [App]を選びます
❹ iMovieを選んで、
❺ 書き出したプロジェクトファイルを選択します
❻ [保存先]をクリックしてファイルを保存しましょう

2 iMovieで読み込む

これでプロジェクトファイルが保存されました。今度はiMovieからファイルを読み込みます。

❼ iMovieを起動し、
❽ [ファイル]メニューから[iMovie iOSプロジェクトを読み込む]を選択します

3 プロジェクトファイルが開いた

iPhoneで作成したプロジェクトがMacで開きました。通常のMac用iMoiveプロジェクトファイルと同様に詳細な編集が可能になります。

❾ iPhoneのプロジェクトファイルが開きました

Chapter 5 iMovie iOSプロジェクトを読み込む

ポイント iPhone用iMovieからの共有

Mac用iMovieと同様に、iPhoneからもムービーを共有するための手段がいくつも用意されています。公開できるSNSは、そのiPhoneで使用しているアプリによって増やせます。ただしムービーはどうしてもファイルサイズが大きくなってしまいます。転送に時間がかかる通信環境では共有を控えるよう注意が必要でしょう。

iPhone用iMovieの共有を選択した画面です。上段はアプリへの共有で、下段はiCloudを利用したアップルのサービスへの共有になります。

その他の共有先の例です。SNSなどのアプリの共有先は、そのiPhoneにインストールしているアプリによって変化します。また[その他]を選んで、共有先を選択することも可能です。

Chapter 6
iMovie Q&A

162	直接録画してムービーにするには？
164	DVカメラからビデオを読み込むには？
166	DVDからビデオを読み込むには？
168	日付や名前でビデオを探すには？
170	イベントを整理するには？
172	操作画面をカスタマイズするには？
174	プロジェクトを保管しておくには？
176	ムービーの画質を向上させるには？
178	写真だけでスライドショーを作るには？
180	背景を切り抜いて合成するには？
182	スポーツ番組風のムービーを作るには？
184	映画の予告編風のムービーを作るには？

Chapter 6 [内蔵カメラ] 直接録画してムービーにするには？

内蔵カメラのついたMacやWebカメラを利用すれば、iMovieから直接ビデオを撮影することができます。動画共有サイトで人気の「やってみた」「ゲームプレイ動画」なども作成可能です。

▼ 内蔵カメラからビデオを読み込む

1 プロジェクトからメディアを読み込む

iMovieで撮影しながらビデオを読み込みます。プロジェクトを作成し、[メディアを読み込む]を選択します。

❶ 新規プロジェクトを作成し、
❷ ここをクリックします

CHECK!
ゲーム動画の公開は、メーカーの許諾を確認する

2 内蔵カメラを選択

MacBookやiMacには内蔵カメラが備わっています。ない場合は外付けのWebカメラを使用するとよいでしょう。

ポイント
Webカメラ
主にビデオチャットのためのカメラで、MacにUSBで接続して使います。1,000円～5,000円程度で購入できます。

❸ 内蔵カメラを選択します
❹ ここをクリックして録画を開始します

162

3 録画を停止

撮影できたら、録画ボタンをクリックして録画を停止します。必要なビデオが撮れるまでこの作業を繰り返します。

❺ 必要なビデオが撮れたら、
❻ クリックして録画を停止します
❼ ここをクリックして閉じ、読み込みを終了します

4 iMovieに読み込めた

プロジェクト画面に戻り、読み込んだビデオを確認しましょう。あとはタイムラインに配置して通常のビデオ同様編集を行います。

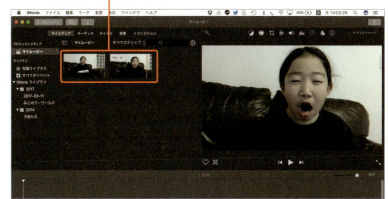

❽ ビデオクリップとして読み込めました

5 ムービーの作成

ここではテーマ「報道番組」を使って編集しました。編集が終わったら［共有］をクリックして、動画サイトなどへの投稿も簡単にできます。

❾ ムービーができました
❿ ここから簡単に共有できます

Chapter 6　iMovie Q&A

［読み込み（DVカメラ）］
DVカメラからビデオを読み込むには？

miniDVと呼ばれる小型のテープに記録するタイプのビデオカメラは、ハードディスクタイプのものと違ってUSB端子がありません。MacとはFireWireケーブルで接続して読み込みます。

▼ DVカメラからビデオを読み込む

1 DVカメラとMacを接続

FireWireケーブルを使ってMacとカメラを接続します。最近のMacにはFireWireポートがないので、別途Thunderbolt-FireWireアダプタが必要になります。

ポイント　接続できる機種
iMovieの［ヘルプ］メニューの［対応しているカメラ］で、対応の機種が確認できます。

❶ 読み込みたいイベントを選択し、
❷ ここをクリックします

2 DVカメラを選択

入力デバイスのリストから、DVカメラを選択します。

❸ DVカメラを選択します

CHECK!　DVカメラにはテープをセットしておく

164

3 使いたい場所を選択

表示されるコントロールで、読み込みたい場所を探します。読み込みの頭の部分で［読み込む］ボタンをクリックします。

❹ ここをコントロールして読み込みたい場所を探します

❺ クリックして読み込みを開始します

4 読み込みを停止

収録中の表示が現れます。読み込みたい部分が終わったら、読み込みを終了します。

❻ 読み込みたい部分が終わったら、

❼ ここをクリックして停止します

ポイント
読み込みにかかる時間
再生しながら読み込むため、必要なビデオの長さの分、読み込むのに時間がかかります。

❽ よければここをクリックして閉じます

5 DVカメラのビデオを読み込めた

クリップが表示され、DVカメラのビデオが読み込めました。ある程度まとめて読み込んで、タイムラインに配置してからクリップを分割して管理するとよいでしょう。

❾ ビデオが読み込めました

❿ タイムラインで分割・整理するとよいでしょう

Chapter 6 読み込み（DVカメラ）

Chapter 6 iMovie Q&A

Chapter 6 ［読み込み（DVD）］
DVDからビデオを読み込むには？

DVDプレイヤーで再生できるタイプのDVDは、そのままではiMovieに読み込むことはできません。別途ファイル形式を変換するアプリケーションが必要です。

▼ DVDからビデオを読み込む

1 DVDをドライブに入れる

自分で作成したDVDから、ビデオを読み込んでみます。最近のMacにはDVDドライブがありませんので、その場合は外付けのDVDドライブが必要になります。

✓ CHECK!
市販のDVDは読み込めません！

❶ DVDを選択してもそのままでは読み込めません

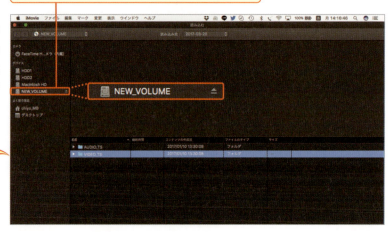

2 変換ソフトを使用

DVDのデータをmp4に変換するアプリケーション（ここでは「HandBrake」というフリーソフトを使用）を起動します。外部アプリケーションの選別・使用は自己責任で行ってください。

ポイント
読み込めないDVD
コピープロテクトがかかっているDVDはファイルに読み込めません。また、自分に著作権のないDVDのデータコピーは法に触れますので絶対にやめましょう。

❷ DVDを選択して、

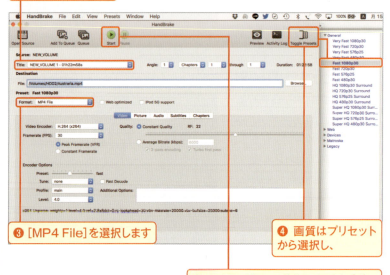

❸ ［MP4 File］を選択します

❹ 画質はプリセットから選択し、

❺ よければ［Start］をクリックします

3 データが変換できた

しばらく時間がかかりますが、MP4形式に変換されたファイルができました。MP4ファイルならiMovieで読み込むことができます。

❻ MP4のファイルに変換できました

4 iMovieで読み込み

作成したMP4ファイルをiMovieに読み込みます。メディア、もしくはプロジェクト画面から［読み込み］ボタンをクリックして、ファイルを選択します。

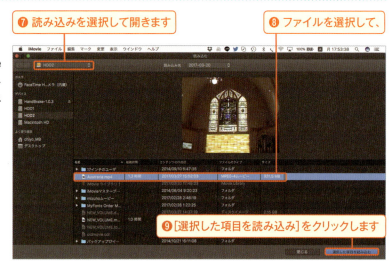

❼ 読み込みを選択して開きます
❽ ファイルを選択して、
❾ ［選択した項目を読み込み］をクリックします

5 DVDのビデオを読み込めた

クリップが表示され、DVDのビデオの読み込みができました。古いDVカメラで撮影したビデオなので、上下をトリミングして画面比をHDに合わせています。

❿ ビデオが読み込めました

Chapter 6 [メディアの検索] 日付や名前でビデオを探すには？

使いたいビデオが見つからないとき、まずはライブラリを切り替えて探してみましょう。ビデオの数が多い場合は条件を絞り込んだり、名前で検索するとよいでしょう。

▼ 条件の絞り込みでビデオを探す

1 ライブラリを確認する

ライブラリが複数ある場合は、目的のビデオが保存されているライブラリを選択していることを確認しましょう。違う場合は目的のライブラリをクリックします。

❶ ライブラリが複数ある場合は切り替えて探します

ポイント
ライブラリの階層
メディアライブラリのリストは階層構造になっています。ライブラリをクリックすると、そのライブラリ全体のビデオが表示されます。

2 不採用を隠す

数が多くて探せない場合は、条件を設定します。クリップに[よく使う項目][不採用]の設定をしてある場合は、メディアブラウザでそれらの項目を選択して絞り込みます。

❷ ここで表示するメディアの条件を絞り込めます

CHECK!
[よく使う項目]や[不採用]の設定はP.33参照

3 並び替える

クリップの並び順は変更することができます。[表示]メニューから切り替えてみましょう。

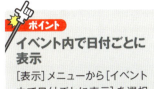

ポイント
イベント内で日付ごとに表示
[表示]メニューから[イベント内で日付ごとに表示]を選択すると、ブラウザに日付が表示されてクリップが探しやすくなります。

❸ [クリップの表示順序]から並び順を変更することができます

4 検索する

検索ウインドウに、クリップの情報（撮影日時やファイル名など）を入力して検索する方法もあります。

❹ キーワードを入力して検索することもできます

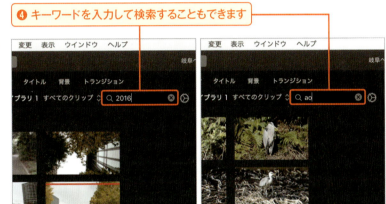

5 情報の修正

ビデオカメラから読み込んだクリップは、ビデオカメラで設定した日時が記録されています。ファイルで読み込んだ場合は、その情報が上書きされている場合があります。iMovieで情報を修正しておきましょう。

❺ 情報がまちがっているクリップを選択し、

❻ [変更]メニューから[クリップの日時を調整]を選択して修正します

Chapter 6 iMovie Q&A

［イベントの結合］

Chapter 6 イベントを整理するには？

iMovieではビデオの日付別にイベントが作成されます。日付ではビデオを探しにくい場合、あるいは日付ではないカテゴリを指定したい場合は自分でイベントを作って分類します。

▼ イベントの作成とクリップの移動

1 新規イベントを作成

イベントはビデオを分類するためのファイルのようなものです。内容に合わせてイベントも作り変えると使い勝手がよくなります。

❶ イベントを追加したいライブラリを選択して、

❷ ［新規イベント］を選びます

☑ CHECK!
ライブラリかカレンダーを選択しておくこと

2 ビデオクリップの移動

別のイベントからビデオクリップを移動します。ビデオクリップは同じものが何ヵ所ものイベントに存在してもよいので、必要に応じて移動と複製を使い分けましょう。

❸ 別のイベントからドラッグして移動します

⌘ ショートカット

移動＋ control ………複製

3 クリップが移動した

クリップを別のイベントに移動し、まとめておくことができました。

ライブラリ間の移動

別のライブラリのイベントにクリップをドラッグすると、移動ではなく複製になります。この場合はどちらのライブラリにもビデオデータが保存されます。

❹ クリップを整理できました

Chapter 6 イベントの結合

▼ イベントの結合

1 複数のイベントを選択

増えすぎたイベントを整理したい場合は、いくつかのイベントをまとめて結合するとよいでしょう。

❶ 複数のイベントを選択して、　❷ [イベントを結合]を選びます

2 イベントが結合された

イベントがひとつにまとまり、それぞれのイベントに含まれていたビデオクリップが集約されました。

❸ ひとつのイベントにまとめられた

171

Chapter 6

［画面のカスタマイズ］
操作画面をカスタマイズするには？

iMovieのムービー編集を効率よく行うコツは、使いやすいようメディアを整理することと、操作ごとに画面をカスタマイズしておくことでしょう。

▼ ブラウザのカスタマイズ

1 クリップの表示

ブラウザ内のクリップ表示は、ギアのアイコンをクリックしてカスタマイズします。

❶ ここをクリックします
❷ クリップの大きさを変更

❸ ビデオの時間経過表示
❹ オーディオの波形表示

2 リストの表示／非表示

ライブラリリストの表示／非表示をクリックで切り替えられます。

❺ このアイコンで、リストの表示／非表示が切り替わります

CHECK!
サムネールをたくさん見たい場合はこの表示に

3 ブラウザ画面の表示／非表示

❻ このボタンをクリックしてブラウザの表示／非表示を切り替えます

❼ プレビューが大きく表示されます

ブラウザ画面自体を隠すには、メニューのすぐ下のボタンをクリックします。プレビュー画面が大きくなり、編集作業に集中できます。

◼ タイムラインの拡張

1 境界線をドラッグ

❶ ドラッグしてタイムラインを拡張します

映像や音声のトラックが重なり合い、タイムラインが複雑になってきたときにはタイムラインの境界線をドラッグしてエリアを拡張するとよいでしょう。

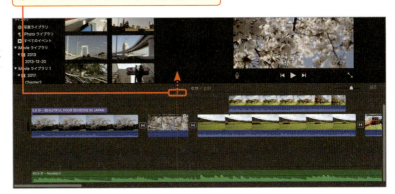

2 オリジナルレイアウトに戻す

❷ 元に戻したいときはここを選択します

カスタマイズした操作画面を元の状態に戻したい場合は、[ウインドウ]メニューから[オリジナルレイアウトに戻す]を選択します。

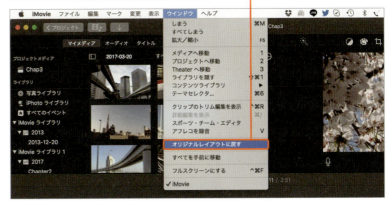

Chapter 6 ［メディアの結合］
プロジェクトを保管しておくには？

プロジェクトに読み込んだビデオは、すべてライブラリに保存されています。複数のライブラリで作業したプロジェクトでは、必要なメディアを結合しておくようにしましょう。

▼ ライブラリの読み込み

1 外付けHDDのライブラリ

ビデオを外付けHDD（ハードディスクドライブ）のライブラリに保存した場合、外付けHDDを外すとライブラリのデータが読み込めなくなってしまいます。

❶ 外付けHDDを外したので、外付けに保存してあったライブラリの表示がなくなりました

2 ライブラリの読み込み

作成したライブラリをふたたび表示させるためには、HDDを接続してからライブラリの読み込みの操作が必要です。

❷ HDDをMacに接続し、

❸ ここからライブラリを選択します

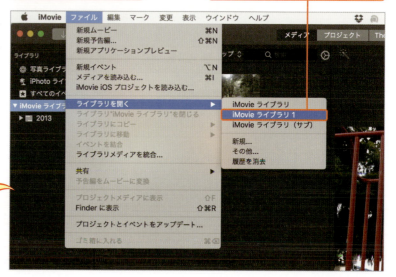

☑ CHECK!
ライブラリは
同じHDD内に
複数作成も可能

3 ライブラリが読み込めた

ライブラリが読み込まれ、含まれていたプロジェクトやイベントが表示されました。

❹ ライブラリが読み込まれました

プロジェクトのライブラリを結合

1 ライブラリを結合

iMovieのプロジェクトは、ライブラリのビデオを参照して使用しています。ライブラリが移動、削除されるとプロジェクトのそのデータが使用できなくなってしまいます。これを集めておくのが結合の機能です。

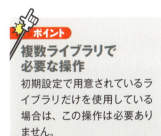

ポイント
複数ライブラリで必要な操作
初期設定で用意されているライブラリだけを使用している場合は、この操作は必要ありません。

❶ プロジェクトを開きます
❷ [ライブラリメディアを統合]を選択します

2 データを集約できた

この操作をしておくと、プロジェクトに使用したデータがすべて集められます。プロジェクトを保管しておきたい場合は、この操作を行っておくようにしましょう。

❸ クリックしてプロジェクトに必要なデータを集約できます

175

Chapter 6 ［4K／手ぶれ補正］ ムービーの画質を向上させるには？

一般的にムービーの画質は、ビデオの撮影時、読み込み時、そして書き出し時の機材や設定で決まります。iMovieは書き出し時の画質をデバイスに合わせて最適化する機能がついています。

▼ 高画質ビデオの読み込み

1 高画質ビデオを用意

iMovieはフルハイビジョン（HD）に標準対応しています。さらに最も高画質と言われる「4K」のムービーも作成可能です。まずはこれらの高画質なビデオ素材を用意しましょう。1分間のビデオのデータ量は、フルHDで約130MB、4Kでは約350MBになります。

ポイント：画素数

フルHDは1920×1080で合計207万3600画素、4Kは3840×2160で合計829万4400画素と、フルHDの4倍の画素数になっていることからこの名称で呼ばれます。

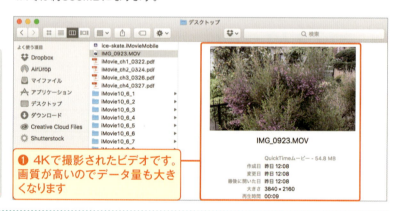

❶ 4Kで撮影されたビデオです。画質が高いのでデータ量も大きくなります

2 タイムラインの先頭に配置

iMovieで書き出されるムービーの画質は、タイムラインの先頭にあるビデオによって決まります。4Kで書き出したい場合は、先頭に4Kビデオを配置してください。

ポイント：iPhoneのビデオ

新しいiPhoneでは、4Kビデオの撮影ができるようになっています。［設定］→［写真とカメラ］→［ビデオ撮影］で画質を切り替えられます。

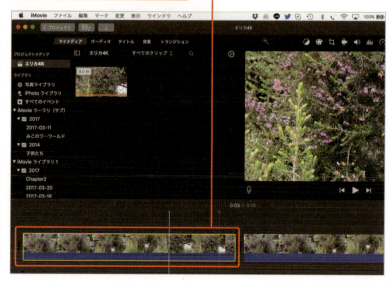

❷ 4Kのビデオを先頭に配置します

3 4K画質で書き出す

画質を保ったまま書き出すには、Theaterもしくはファイル共有を選択します。Theaterでは自動的に4Kファイルを作成し、ファイル共有では4Kでの保存が可能になっています。

❸ ファイルの共有画面で、4K画質が選択できます

▼ 手ぶれ補正

1 補正したいクリップを選択

撮影後に手ぶれを補正したい場合は、iMovieの手ぶれ補正機能を使います。タイムラインで補正したいクリップを選択し、手ぶれ補正のオプションを表示します。

❶ 補正したいクリップをクリックして選びます

❷ ここをクリックしてオプションを表示します

2 手ぶれが補正できた

手ぶれ補正の機能にチェックを付け、補正の度合いを調整します。強くかけすぎるとスローモーションのような映像になってしまうので注意してください。

❸ [ビデオの手ぶれを補正]にチェックを付けて、

❹ ここで度合いを調整します

❺ しばらく待ってから再生して確認しましょう

★ ポイント
ローリングシャッターを補正

ビデオの撮り初めにカメラが大きく動いてしまうことをローリングシャッターと呼びます。このぶれを、右図の機能で軽減できます。

Chapter 6 ［環境設定］写真だけでスライドショーを作るには？

一枚ずつ写真を配置してムービーを作成するのもよいですが、iMovieではあらかじめいくつかの設定をしておけば、自動的に美しいスライドショーを仕上げてくれます。

▼ スライドショーの作成

1 新規プロジェクトを作成

最初にスライドショーに使いたい写真のデータをFinderでフォルダにまとめておきます。［写真］アプリでアルバムにしておいてもOKです。できたらiMovieプロジェクトを作成し、環境設定を開きます。

❶ 新しいプロジェクトを作ります

❷ ［iMovie］メニューから［環境設定］を選択します

2 環境設定で写真の設定

後で修正しなくてもいいよう、全体にかかる効果を設定しておきます。写真の配置は［Ken Burns］がオススメです。継続時間とトランジションの時間も入れておきましょう。

❸ ［Ken Burns］を選択します

❹ 写真とトランジションの時間も、お好みの数値を入れておきます

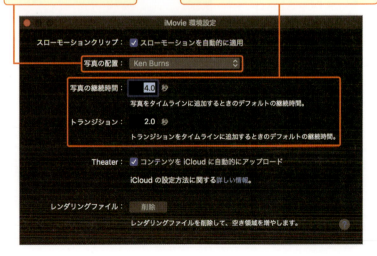

3 タイムラインに写真を配置

写真は、ファイルをFinderから直接タイムラインにドロップすることができます。選んでおいた写真を一度に選択してドロップしてみましょう。

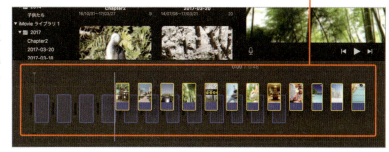

❺ Finderからタイムラインにまとめてドロップします

4 プロジェクト設定

タイムラインに写真が並んだら、プロジェクト設定を開いて[自動コンテンツ]にチェックを付けます。華やかに仕上げたい場合は適当な[テーマ]を選択するとよいでしょう。BGMはオーディオライブラリから時間に合うものを入れました。

❻ ここにチェックを付けます
❼ テーマを選びます
❽ BGMはオーディオライブラリから配置しました

5 スライドショーができた

これですべての写真の間にトランジションが設定され、見栄えのよいスライドショーができました。

❾ スライドショーが簡単にできました

CHECK!
静止画でパラパラアニメを作ることもできる

Chapter 6

［グリーン／ブルースクリーン］
背景を切り抜いて合成するには？

グリーンやブルーの背景で撮影したムービーは、切り抜いて別のムービーと重ねることが可能です。映画やTVの「クロマキー」と呼ばれる映像合成テクニックです。

▼ ビデオを別のビデオに合成する

1 ビデオオーバーレイで配置

まずは合成したときに下に来るビデオをタイムラインにドロップします。続いて合成するビデオをクリップの上に配置します。合成するビデオは、背景がブルーもしくはグリーンのものに限ります。

❶ 下になるビデオクリップです
❷ このクリップを重ねて配置します

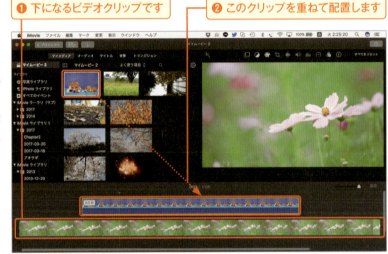

2 オプションを表示

合成には「ビデオオーバーレイ」の機能を使います。上に重ねたクリップを選択すると、右上にオプションが表示されます。

❸ このクリップを選択して、
❹ ここをクリックして表示させます

ポイント

なぜブルーやグリーンなのか
映像は光の三原色（赤・青・緑）で構成されています。三色のいずれかに極端に偏った色の方が被写体との境界線が分けやすく、また見やすいことから青や緑が選ばれます。

3 グリーン／ブルースクリーンを選択

オプションで［グリーン／ブルースクリーン］を選択すると、色の部分が透明になって下のビデオが見える状態になります。

❺ ［グリーン／ブルースクリーン］を選択します

❻ 色の部分が透明になります

4 オプションの設定

［柔らかさ］と［クリーンナップ］のオプションで、残ってしまった部分をきれいに取り除きます。

❼ このスライダを動かしてエッジの柔らかさを調節します

❽ 消しゴムのツールを選択して、

❾ 色が残っている部分をクリックします

5 再生して確認

ムービーが合成されました。再生して確認しましょう。

❿ 再生ボタンをクリックして確認します

⓫ 2つのビデオが合成できました

181

Chapter 6 [スポーツテーマ] スポーツ番組風のムービーを作るには?

iMovieで手軽にムービーを作るための機能「テーマ」の中に「スポーツ」があります。このテーマを使うと、手軽にスポーツ番組のような凝った演出のムービーを作成することができます。

▼ スポーツムービーの作成

1 プロジェクトの準備

新規プロジェクトを作成して、プロジェクト設定から[スポーツ]テーマを選択します。

❶ 新規プロジェクトを作成します

❷ [自動コンテンツ]にチェックを付けて、

❸ [スポーツ]を選択します

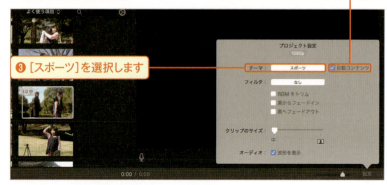

2 スポーツ・チーム・エディタを開く

通常のムービー同様、素材のビデオクリップをタイムラインに追加していきます。

❹ クリップを並べました

❺ [ウインドウ]メニューから[スポーツ・チーム・エディタ]を選択します

CHECK! スポーツ・チーム・エディタがこのテーマの特徴

3 チームや選手の情報を入力

ウインドウが開くので、スポーツのチームや選手の情報を入力します。ロゴや選手の写真は、右下の「+」マークをクリックして、写真ファイルを選択してください。

❻ チームの情報
❼ 選手の情報
❽ ここをクリックして写真やロゴを追加します
❾ 入力が終わったらここをクリックして、
❿ [完了]をクリックします

4 タイトルに反映

自動で追加されているタイトル部分（選手紹介）を見てみると、先ほど入力した情報が反映されているのがわかります。これが[スポーツ]テーマの機能です。

⓫ 入力した情報がタイトルに反映されます

5 その他のタイトル

他にもスコアの表示や、チームの対決ムービーなどのタイトルが用意されています。必要に応じて追加して、ムービーを完成させましょう。

⓬ 凝った演出のタイトルが用意されています
⓭ これは「下三分の1」のタイトルです

Chapter 6 ［予告編］
映画の予告編風のムービーを作るには？

「予告編」の機能を使うと、シナリオに沿ってビデオを追加していくだけでストーリーを感じるドラマチックなムービーに仕上がります。作り方を見てみましょう。

▼ アウトラインの作成

1 予告編のプロジェクトを作成

プロジェクトの画面から、新規プロジェクトを作成します。ここではストーリーのある予告編を選択します。

❶ プロジェクトの画面です
❷ ここをクリックして、
❸ ［予告編］を選択します

2 テンプレートを選択

予告編には29種類ものテンプレートが用意されています。

❹ テンプレートを選んでクリックします
❺ よければ［作成］をクリックしましょう

ポイント
プレビューが見られる
右の画面ではシナリオに必要な人数や時間を確認し、再生ボタンでプレビューを見られます。

3 アウトラインを入力

選んだ予告編のアウトラインが表示されます。ムービーのタイトルや、出演者の名前などをクリックして入力していきましょう。

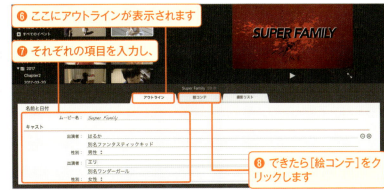

❻ ここにアウトラインが表示されます
❼ それぞれの項目を入力し、
❽ できたら[絵コンテ]をクリックします

▼ ビデオの追加

1 クリップを選択

[絵コンテ]では、自動的に最初のビデオを選択する状態になっています。メディアブラウザから絵コンテの内容に沿ったビデオをクリックします。

ポイント
黄色い枠
メディアのクリップに表示される黄色い枠は、絵コンテのビデオの継続時間に合わせて表示されます。クリップのどの部分を使いたいか考えてクリックしましょう。

❶ [絵コンテ]の内容を見て、
❷ 内容に沿ったクリップを選びます

2 次々とクリップをクリック

絵コンテにビデオが入り、自動的に次のビデオを選択できる状態になります。次々にクリックして絵コンテを埋めていきましょう。

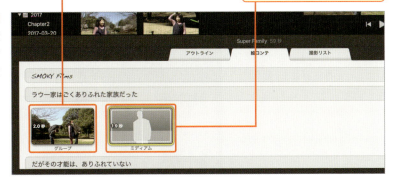

❸ 選んだビデオが入ります
❹ 次のビデオが選択できる状態になります

3 絵コンテの指示を確認

絵コンテには、誰のどんなシーンが必要かが書いてあります。またサムネールでも内容が表示されます。「アクション」とあるものは、出演者がアクションをしているシーンを選ぶようにしてください。

❺ ここにはアクションが指示されています
❻ アクションのあるビデオを選びます
❼ ムービー内のテキストもここで入力し直すことができます

4 [撮影リスト]を表示

絵コンテはストーリーに沿ってビデオを配置する機能ですが、撮影リストは誰のどんなシーンが必要かをリストにしたものです。選びやすい方でビデオを配置するとよいでしょう。

❽ [撮影リスト]の画面でも同様にビデオを埋めていくことができます

ポイント ストーリーに沿った撮影
ここではあらかじめ撮ったビデオを使用しましたが、撮影リストを確認して内容に沿ったビデオを撮影するのもよいでしょう。

▼ クリップの調整をして仕上げる

1 リストのビデオをすべて埋める

[絵コンテ]または[撮影リスト]の画面で、必要なビデオをすべて埋めていきます。よければプレビューを再生させて、各クリップの調整に移りましょう。

❶ 同じ手順でリストを埋めて、
❷ プレビューの再生で内容を確認します

2 クリップをダブルクリック

全体の流れを確認し、必要に応じてテキストを入力し直したら、各クリップの調整を行います。[絵コンテ]のクリップをダブルクリックしましょう。

❸ [絵コンテ]のクリップをダブルクリックします

3 クリップのトリム編集

そのクリップのビデオの全体が表示されます。黄色い枠で表示されている採用部分をドラッグして微調整しましょう。

❹ この枠をドラッグして位置を調整します

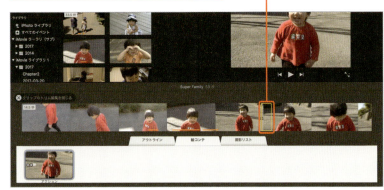

4 すべて調整して完成

他のクリップも同様にして位置の調整を行い、プレビューで全体の確認をします。よければ[プロジェクト]をクリックし、名前を付けてプロジェクト画面に戻ります。これで予告編の制作が終了です。

❺ その他のクリップも同様に調整します

❻ よければここをクリックしてプロジェクト画面に戻ります

INDEX
索引

数字

1フレーム	075
4K	176

アルファベット

AppleTV	128
App Store	014, 146
BGM	048
Camera Shutter	089
DVD	142, 144, 166
DVDドライブ	166
DVカメラ	164
Facebook	066, 136
Facebookアカウント	136
Finder	030
FireWire	164
GarageBand	048
Googleアカウント	134
HandBrake	166
HDオン	149
HD画質	066
HD画像	068
iCloud	128
iCloudフォトライブラリ	027
iMovie iOSプロジェクトを読み込む	158
iMovie環境設定	129
iMovie対応カメラ	020
iOSデバイス	022, 128
iOSデバイス再生用	130
iOSデバイス用	138
iOS版のiMovie	146
iPad	128
iPad用iMovie	146
iPhone	128, 139
iPhoneのビデオ	176
iPhoneのプロジェクト	158
iPhone用IMovie	146
iTunes	048, 138, 158
Ken Burns	092, 178
Mac	128
Macでの再生用	130
MP4	143, 167
SNS	066
Theater	128, 149
Theaterからムービーを削除	131
Theaterの共有	130
Toast	144
Vimeo	140
Webカメラ	162
YouTube	134

あ

アイクラウド	128
アウトライン	184
明るさ	096
明るさとコントラスト	096
アップル社	128
アニメーション	031
アフレコ	124

い

イコライザ	123
イベント	019, 036
イベントの結合	170
イベントの削除	035
色合い	096
色温度	097
色かぶり	096
色調整	096
インスタントリプレイ	085

う

ヴィメオ	140
ウサギのマーク	082

え

映画の予告編	184
絵コンテ	155, 186
エンディングロール	110

お

オーディオ	039, 048

オーディオエフェクト	126		クリップの配置	072
オーディオトラック	049		クリップの分割	078, 089
オーディオの音量	050		クリップをトリミング	054
オーディオの波形	049		クリップを分割	084
オーディオを切り離す	122		クレジット	060
オープニングタイトル	110		黒からフェードイン	063
大文字のみのタイトル	111		クロスディゾルブ	101
置き換える	080		クロップ	090
お気に入り	148		黒背景のタイトル	112
オリジナルレイアウトに戻す	173		黒へフェードアウト	063
音量	119			
音量を下げる	122			

け

継続時間でトリム	075
経路のない地図	116
検索	168, 169

か

解像度	133
書き出し	130
拡大・縮小	090
拡大／縮小	072
拡大表示	091
画質	176
画素数	176
カットアウェイ	106
画面のカスタマイズ	172
画面比率	090
カラー	112
カラーバランス	095
環境設定	129

こ

公開範囲	067, 137
効果音	051, 058
高画質ビデオ	176
コピープロテクト	166
コンテンツをiCloudに自動的にアップロード	129
コントロール	050, 124

き

起動	018
逆回転	084
逆再生	084
共有	160
共有（Facebook）	066, 136
共有（iTunes）	138
共有（Vimeo）	140
共有（YouTube）	134
共有（ファイル）	142
共有ボタン	132
共有（メール）	132

さ

再再生	085
サイズ	111
サイズ調整してクロップ	091
再生ヘッド	039, 043
再生ヘッドの位置までトリム	076
再生ヘッドの微調整	078
サウンドエフェクト	058, 118
サウンドクリップ	118
サチュレーション	097
撮影リスト	186
参照するクリップ	095

く

グリーン／ブルースクリーン	180
クリエイターツール	135
クリップ	019, 072
クリップエッジをトリム	074
クリップの置き換え	080
クリップの回転	092
クリップの結合	079
クリップの削除	034, 053
クリップの整理	052
クリップの挿入	081
クリップのトリム編集	056

し

シアター	128
システム環境設定	129
始点	093
自動コンテンツ	040, 071
自動補正	094
シナリオ	155
写真	024, 178
写真アプリ	027
終点	093
詳細編集	104, 121
情報の修正	169
初期設定	101
白黒	098
新規イベント	029
新規プロジェクト	038, 150

新規ライブラリ	023
ジングル	118

す

数値でトリム	076
ズーム	092
スキミング	032
スキントーンバランス	096
スタイル	117
ストップモーション	088, 089
ストリーミング用	130
スプリットスクリーン	108
すべての場所で削除	131
スポーツ・チーム・エディタ	182
スポーツ番組風	182
スライド	108
スローモーション	083

せ

静止画の継続時間	076
静止画の配置	073
接続できる機種	164
設定	039
セピア	099
先行クリップ	104
選択部分をトリム	056
先頭から再生	043
先頭クリップ	100

そ

挿入	081
速度	084
速度のリセット	087
外付けのハードディスク	023

た

対応しているカメラ	164
タイトル	039, 060, 110
タイトルの削除	061
タイトルの種類	113
タイトルの追加	061
タイトルの長さ	112
タイム	039
タイムライン	019, 039
タイムラインの拡張	173
タイムライン表示	039

ち

地球儀	116
地図	116
地図の場所	116
直接録画	162

て

テーマ	044, 046
テーマセレクタ	044
テーマの音楽	059
テーマの変更	045
テキストの設定	111
テキストの入力	060, 111
デジタルカメラ	024
デバイス	128
手ぶれ補正	177
テロップ	086, 110
テンプレート	155, 184

と

動画設定	068
動画の画質設定	137
トランジション	039, 100
トランジションの置き換え	102
トランジションの継続時間	101
トランジションの削除	102
トランジションの時間	101
トランジションの種類	103
ドリーム	099
取り消し	153
トリミング	054
トリミングをやり直す	054
トリム	074, 152

な

内蔵カメラ	162
内蔵マイク	125
並び替え	169
ナレーション	124
ナレーションクリップ	126

に

二画面分割映像	106
入力ソース（マイク）	124

の

ノイズ	123
ノイズ除去	123

は

ハートマーク	148
背景	114
背景付きタイトル	114
背景ノイズ	123
背景の切り抜き	180
背景の種類	117
肌の色	096
早送り	082

パラパラアニメ 179
パン 090
範囲 072

ひ

ピクチャ・イン・ピクチャ 109
ビデオオーバーレイ 106, 180
ビデオカメラ 020
ビデオの音を分離 121
ビデオの音量 050, 119
ビデオの再生 032
ビデオの削除 034
ビデオライブラリ 147

ふ

ファイル 142
ファイルの読み込み 028
フィット 090
フィルタ 062, 064, 097
フェード 098, 107
フェードアウト 049, 119
フェードイン 049
フォント 111
不採用の設定 033
不採用を隠す 168
不透明度 107
プライバシー設定 068
ブラウザのカスタマイズ 172
フラッシュしてフレームをフリーズ 089
フリーズフレームを追加 088
プロジェクト 019, 036, 070
プロジェクト設定 040, 153
プロジェクトの保存 066
プロジェクトのライブラリを結合 175
プロジェクトファイル 142, 159
プロジェクトフィルタ 062
プロジェクトメディア 070, 071
プロジェクトを保管 174
分割したクリップ 078

へ

別映像の小窓 106

ほ

ほかのクリップの音量を下げる 119, 122
保存 142
ボリューム 119, 120, 122
ホワイトバランス 096

ま

マーカーを追加 077
マイク 124
マイメディア 039

巻き戻し 086
マッチカラー 095
末尾クリップ 100

み

ミュート 120

む

ムービー 070
ムービー音声 039
ムービーの比率にフィット 090
ムービーファイル 142
ムービーを再生 043

め

メール 132
メディア 019, 039
メディアの検索 168
メモリーカード 026

も

モーメント 150

や

やり直し 153

よ

よく使う項目 033
予告編 154, 184
読み込み 020
読み込み（DVD） 166
読み込み（DVカメラ） 164
読み込む（写真） 024
読み込む（ビデオ） 020

ら

ライブラリ 019, 036, 039
ライブラリの階層 168
ライブラリの読み込み 174

り

リストの表示／非表示 172
リプレイ 085

る

ループ再生 043

ろ

ローリングシャッターを補正 177
録音 124

わ

ワイプ 106

●著者プロフィール

TART DESIGN（タルトデザイン）

書籍の執筆から装丁・DTPまでをトータルに行う編集&デザインプロダクション。
雑誌記事や書籍の執筆、グラフィック関連のセミナー講師などさまざまな業務を展開中。

主な著書・共著
『Photoshop Elements 13マスターブック Windows＆Mac対応』
『iPhoto・iMovie・GarageBand＆iTunesマスターブック OS X Mavericks＆iOS 7対応』
『速効!Wordテンプレート お店のPOP・メニュー・チラシ編 2013/2010/2007/2003/2002対応・Windows版』
『Photoshop CS6マスターブック Extended対応 for Mac & Windows』
『Illustrator CS6マスターブック for Mac & Windows』
他多数

●お問い合わせについて

本書の内容に関する質問は、下記のメールアドレスまたはファクス番号まで
書名と質問箇所を明記のうえ、書面にてお送りください。
電話によるご質問にはお答えできません。
また、本書の内容以外についてのご質問についてもお答えできませんので、あらかじめご了承ください。
なお、質問の受付期間は本書発行日より2年間（2019年4月まで）とさせていただきます。

メールアドレス： book_mook@mynavi.jp
ファクス：03-3556-2742

サクサクできる かんたん iMovie（アイムービー）

	2017年4月27日　初版第1刷発行
●著者	TART DESIGN
●発行者	滝口直樹
●発行所	株式会社 マイナビ出版
	〒101-0003　東京都千代田区一ツ橋2-6-3　一ツ橋ビル 2F
	TEL:0480-38-6872（注文専用ダイヤル）TEL:03-3556-2731（販売）
	TEL:03-3556-2736（編集部）
	URL: http://book.mynavi.jp
●問い合わせ先	book_mook@mynavi.jp
●装丁デザイン	納谷祐史
●サンプルビデオ	渡部瑞穂（株式会社 伝）
●イラスト	高村あゆみ
●DTP	TART DESIGN
●印刷・製本	図書印刷 株式会社

©2017 TART DESIGN, Printed in Japan.
ISBN 978-4-8399-6191-6

- ●定価はカバーに記載してあります。
- ●乱丁・落丁についてのお問い合わせは、TEL：0480-38-6872（注文専用ダイヤル）、電子メール：sas@mynavi.jp までお願いいたします。
- ●本書は著作権法上の保護を受けています。本書の一部あるいは全部について、著者、発行者の許諾を得ずに無断で複写、複製することは禁じられています。
- ●本書中に登場する会社名や商品名は一般に各社の商標または登録商標です。